汉竹编著·健康爱家系列

懒人多肉

一养就活

汉竹 编著

汉竹图书微博
http://weibo.com/hanzhutushu

江苏凤凰科学技术出版社
全国百佳图书出版单位

编辑导读

"徒长是什么意思？"

"叶插是要把叶子插入土壤中吗？"

"多肉喜欢晒太阳吗？"

"灯泡多肉怎么养？"

"为什么我的多肉总是死？"

......

很多人说多肉植物好养活，但是经常有新人欢欢喜喜地把多肉买回家，结果没多久多肉就养死了。其实想要养好任何一种植物，都应该先去了解它的习性，对水分、日照等的需求程度。多肉植物之所以被冠以"懒人植物"的名号，是因为不用天天浇水，不用月月施肥，也不用年年换盆，而不是可以当"甩手掌柜"。

本书将一一介绍大家关心的多肉品种的具体养护方法，以问答互动的形式指导大家快速掌握选购、养护、繁殖多肉的技巧，还有每月每次浇水的浇水量参考曲线，让你不用费心也能轻松养好多肉。除此之外，本书还会解答常见的养护问题，包括具体的实例和照片，能让你更直观地看到发生的病害及严重程度，对多肉的救治有清晰的认识，为想要懒养多肉的你解决养多肉路上的"拦路虎"——徒长、化水、黑腐、病虫害，让你的多肉队伍不断壮大。

新人养多肉的误区

很多人都抱怨自己总是养不活多肉植物，还说"'多肉好养'之类都是骗人的"。其实，多肉是很好养活的，只是新人往往会走入一些养护误区中而不自知。所以在养多肉前，新人最好先来了解一下养护过程中普遍存在的误区，然后规避它们，就能养活多肉了。

✕ 喜欢干燥环境，不需要浇水

多肉植物的原产地大部分是干旱、半干旱的戈壁或沙漠，性喜干燥、通风的环境，因此一些人认为大部分多肉植物和仙人掌一样是沙漠植物，不需要浇水。这句话前半句是正确的，但结论是不正确的。虽然多肉植物能够适应干燥的沙漠环境，但是它们并不是不需要水，任何植物生存都需要水。况且沙漠里也并非是完全无水的，只是雨水相对较少。

✕ 做个勤快的小花匠天天浇水

喜欢上多肉的人，对多肉的热情简直可以用"中毒"来形容。有些人甚至是一天不浇水手就痒，一天看不到多肉就难受，三天不换盆就不舒服。殊不知，这样频繁、勤快地浇水、换盆，反而让多肉长得不尽如人意，搞不好还会涝死或换盆换死了。多肉浇水需要等土壤干透后再浇，长期湿润的土壤很容易让多肉徒长或根系腐烂；经常换盆会损伤根系，让多肉没有"力气"去生长。大部分多肉两年换一次盆就可以了。

✕ 多肉浇水一定选中午

一些人喜欢在阳光灿烂的中午给多肉浇水，在阳光的照耀下，多肉叶片上的水珠闪闪发亮，多肉都跟着变得生动起来。其实，中午浇水的原则只适用于气温较低的冬季和早春。如果是夏季，则应选择傍晚或晚上，而且浇水最好不要浇到叶片上，否则叶片上的水珠就像放大镜一样，将强烈的阳光聚焦在一点上，会使多肉晒伤；即便没有太阳，高温的天气也容易使积水的叶心化水、腐烂。

✕ 多肉防辐射，和电脑更配

许多商家在售卖多肉植物时，都宣称其有防辐射的功能，其实多肉并没有防辐射的功能。如果你买多肉是为了防辐射，把它放在电脑旁养护，你就会发现，它生长奇快，茎秆纤细，叶子稀疏或下垂，很快就变了模样，完全没有了当初那Q萌的感觉。因为多肉植物喜欢阳光充足的环境，一般放置电脑的位置都不会有特别明亮的光线，这就导致多肉植物在极度缺光的环境下越长越细，越长越丑，甚至死亡。

✕ 玩拼盘，好看就行了

各式各样的多肉拼种在一个盆里，多姿多彩，非常受大家的欢迎。新人朋友心血来潮也会来弄个拼盘养，不管什么品种都种在一起，还挺好看的。其实，拼盘不是随便拼的，最好是同科属的品种放在一起，这样习性一致，更容易管理，否则同样的方法管理，肯定有一部分不适应，会长得很难看或者死去。即使是科属相同的多肉拼种在一起，也没有单棵植株容易管理，可能会出现没养多久就开始变形的情况，很容易使新人养多肉的信心受挫。

✕ 多肉也是绿植，和花草一样养就对了

热爱养花种草的人，在开始养多肉时，以为多肉和花草没什么区别，照样来养就好了。找出个大花盆，装满肥沃的营养土，种上多肉，每天灌溉……可惜，这样养出的多肉又绿又摊，有的还伸出了长长的"脖子"，或者直接被养死了。

多肉的习性跟一般花草还是不太一样的，它们不太需要肥沃的土壤，如果施肥不当还可能会造成多肉品相不佳。大部分多肉需要接受充足的阳光照射，且不需要频繁浇水，水浇得太勤非常容易导致多肉茎秆快速增长，叶片间距拉大（徒长），严重的可导致叶片化水、根系腐烂、黑腐死亡。

× 冬季要保暖，放在暖气旁

多肉植物的适宜生长温度一般在 18~25℃，低于 5℃ 可能会出现冻伤，所以，一些北方的肉友到了冬季总喜欢将多肉移到靠近暖气的地方，其实这样做，你的多肉并不会生长得更好。虽然北方冬季需要对多肉进行保温，但是暖气旁温度往往过高，对多肉生长不利。很可能导致多肉叶片动不动就发皱变蔫，如果浇水比较勤快，又会徒长得变了模样。一般建议，冬季把多肉放在比较保暖，温度也不会特别高的地方。

× 室内隔着玻璃养不好多肉

很多人都知道，多肉的生长和状态维持都十分依赖阳光的照射，而室内养多肉，因为隔着玻璃，大部分紫外线被玻璃阻隔，多肉生长和状态都不会太好。

其实，室内养不好多肉的主要原因不是玻璃的问题，而是日照时间短。大部分室内环境日照时长都小于 4 小时，这导致多肉易徒长。但如果是室内的飘窗，采光效果跟露天的阳台效果差不多，能够有 4 小时以上的日照时长，养好多肉还是比较容易的。玻璃阻隔紫外线对多肉并非都是不利的，它可以降低多肉被晒伤的概率，还能让多肉的颜色不至于过于暗沉。

× 露养的多肉更美丽，丢出去不管就能长很好

露养环境是养多肉的人梦寐以求的，还有人以为只要有露养的环境，把多肉丢出去不用管它们就能长得很好。其实，露养没有你想得那么简单。只有极少数的多肉，如虹之玉、冬美人、胧月等，可以在南方完全露养的环境中生存下来。而大部分露养的多肉还需要我们的人为干预，比如连续的阴雨天气要想办法遮雨；下冰雹肯定要搬入室内，或者有东西可以遮挡；生虫子了要立马隔离并喷药；冬季就算还可以露养也要提防突然降温……不管在什么样的环境里养多肉，都需要我们付出时间、精力和耐心。

✕ 多肉淋雨后赶紧晒太阳

多肉植物给人的印象就是生活在沙漠里，日照强烈且时间长，很多新人在养多肉的时候就会想尽办法创造出日照充足的环境给多肉享受。一些人甚至开始讨厌起阴雨天，雨过天晴就着急将刚刚淋过雨的多肉搬到太阳底下去晒，如果你这么干，你的多肉离死亡也不远了。

淋雨的多肉，植株和土壤中存在很多水分，经过太阳的照射，很容易因为植株周围高温、高湿的环境而晒伤或者黑腐。所以，淋雨的多肉不能够直接晒太阳，尤其是盛夏时。恰当的处理办法是，放置在阴凉处，清理植株叶心的积水，保持环境通风，等土壤稍干燥后再移到明亮光线处。

✕ 为制造温差将多肉植物放进冰箱冷藏

多肉会在秋冬温差大的时候呈现出非常美丽的颜色。大家都以为温差越大多肉的颜色就会越漂亮，于是有些人就在晚上将多肉放入冰箱冷藏，以制造昼夜大温差。虽然这样做能让多肉变得更美丽，但是冰箱温度掌控不好的话，容易造成冻伤。大部分多肉能够耐受的最低温度为5℃。即使冰箱温度不低于5℃，也可能因为气温突然地降低而不能适应，出现掉叶子及其他情况。所以，还是让多肉在自然的环境中生长比较好，即使颜色不够漂亮，起码还是健康的。

✕ 照搬大神的配土准没错

照搬大神的配土比例是比较省心省力的事情，也能把多肉养得比较好，但是由于地理气候因素不同，你未必能如愿养出肥美的多肉来。即便你照搬的是同城大神的配土和浇水方法，但是因为养护环境和花盆材质的不同，你也未必能养出像大神一样状态出色的多肉。真心喜欢多肉、爱多肉，还是要根据自己的养护环境慢慢摸索，调配出适合自己多肉的配土。

目录

Part 1
新人养多肉该知道的事儿

Part 2
和多肉一起走过四季

Part 3
常见多肉养护指南

Part 1

新人养多肉该知道的事儿

在开始养多肉时，你是否知道关于多肉的事儿呢？

多肉还有很多有意思的地方呢！如果你还是个多肉新人，

那么还是先来了解一些多肉的习性和养护知识吧，

这样能更好地养护它们。

懒人多肉一养就活

多肉圈的"肉言肉语"

所谓"入乡随俗",既然爱上了多肉,掉入了多肉这个"大坑",那么你就应该了解一下多肉圈子里的特有名词,学会"肉言肉语"更方便你了解多肉的世界。

百合科植物白斑玉露。

景天科植物菲欧娜。

番杏科植物灯泡。

Q A 夏型种、冬型种和春秋型种都是什么意思

夏型种就是生长期在夏季,冬季呈休眠状态的多肉植物,这里的"夏季"指多肉在原产地的夏季气候,如果春季天气太热,多肉依旧会休眠。冬型种正好相反,生长期在冬季,夏季呈休眠状态,这里的"冬季"是指多肉在原产地的冬季气候,如果秋季天气太冷,多肉依旧会休眠。春秋型种也称为"中间型种",即春季和秋季生长迅速,夏季和冬季无明显休眠现象。

Q A 多肉的科属是什么意思

这些都是植物分类单位的学术用语,种是基本分类单位,近缘的种归合为属,属隶于科;近缘的属归合为科,科隶于目,以此类推,上面还有纲、门、界。多肉植物中比较受大家欢迎的主要是景天科、番杏科、百合科中的品种,其中以景天科最为流行,景天科由34属组成。

不同型种多肉夏季状态对比

同样是夏季,不同的多肉有不同的状态,这是因为它们的型种不同。夏季休眠的多肉要少浇水,夏季生长的多肉要适当多浇水,生长缓慢的也要少浇水。

1 **火祭**:夏型种,夏季会继续生长,整株绿色,非常容易度夏的品种。

2 **山地玫瑰**:冬型种,夏季休眠,叶片紧包,外围叶片干枯,在气温低的冬季生长。

3 **白牡丹**:春秋型种,春秋生长速度快,夏季和冬季无明显休眠。

Q A 多肉徒长是好事吗

多肉徒长属于不健康的状态，很多人不懂，还以为多肉长得很快，为此而高兴呢。徒长是植株茎叶疯狂伸长的现象，一般原因是缺少光照、浇水较多。不同的徒长情况有不同的形容词，比如多肉轻微徒长，叶片向外展开，几层叶片几乎位于同一水平面上，我们称之为"摊大饼"；还有更严重的徒长，多肉茎秆伸长，叶片严重下垂，我们称之为"穿裙子"。

徒长后要移到通风良好、日照充足的地方养护。

闷养的小环境内，空气湿度非常大。

Q A 闷养是怎么养啊

闷养一般用于玉露、寿等百合科有窗多肉的养护，可使窗更透亮、饱满。方法是用透明的器皿罩住要闷养的多肉，制造高湿度的小环境，一般在冬季进行。夏季高温季节千万不要闷养，否则高温高湿容易导致根系腐烂。

Q A 什么是多肉缀化

想了解缀化，还要先知道什么是生长点。生长点在植物学上通常称为分生区，又称生长锥或顶端分生组织，此处细胞分裂活动旺盛。通俗来说，就是植物生长新叶的地方，对于多肉植物来说，一般是指单头的中心圆点。另外，我们也会称叶子基部能产生不定根、不定芽的部位为生长点。

缀化就是生长点异常分生、加倍而形成一条曲线的生长点，是一种畸形变异现象。一般缀化植株会长成扁平的扇形或鸡冠形带状体。这种畸形的缀化是某些分生组织细胞异常发育的结果，不能人为控制。

特玉莲缀化的生长点为线形。

Q A 某某锦是什么意思

锦又称彩斑、斑锦。茎部全体或局部丧失了制造叶绿素的功能，而其他色素相对活跃，使茎、叶表面出现红、黄、白、紫、橙等色或色斑。一般来说，性状稳定的锦可以说是一个单独的品种，比如虹之玉锦、玉蝶锦，它们和虹之玉、玉蝶是不一样的品种。某些品种可能会出现季节性的斑锦，这样的就不能称之为独立的品种。许多斑锦品种性状早已稳定，而它们的名字也不再是"某某锦"，比如彩色蜡笔就是小米星的斑锦品种，彩虹是紫珍珠的斑锦品种，雅乐之舞是金枝玉叶的斑锦品种。另外还有一些多肉虽然名字中带有"锦"字，但其实它们并不是斑锦品种，如大和锦、立田锦、织锦等。

老桩造型别具一格。

Q A 什么样的多肉才算是老桩

通常说的老桩是指养了很多年，枝干明显，并且木质化明显的多肉。当然也有一些生长比较迅速的品种，一两年就能长成老桩。一些人为了追求老桩造型会故意让多肉徒长，以迅速获得"老桩"，这种类型的多肉称为"水桩"。判断是否为徒长的"水桩"可以观察茎秆上的叶痕（老叶脱落后在茎秆上形成的痕迹），叶痕间隔较远的就是徒长形成的。

Q A 沙质土壤、全日照，这都是什么意思

在介绍多肉的习性时，经常会有"喜欢全日照""喜欢疏松透气的沙质土壤"这样的描述，那么这是什么意思呢？全日照可以简单理解为"太阳东升西落都能够晒到太阳"。沙质土壤并非是说用沙子来养多肉，而是说土壤中黏土成分少，而颗粒成分多，土壤透气、透水性强，不易板结。

Q A 潮土干栽是什么意思

潮土干栽是在栽种多肉植物时，对土壤、浇水的要求的简单概括。一般我们建议，多肉上盆前应修根、晾根，就是清理烂根、老根，把根部暴露在空气中晾干，利于消灭病菌和恢复生机。之后就是准备"潮土"，这种土壤有一个要求就是稍微潮湿，其湿润的程度可以这样检验一下：抓一把土壤在手里，张开手，土壤呈团状，但稍微摇晃即可松散开来就可以了。如果攥紧土壤呈团状，而摇晃后不松散开来则过于湿润；攥紧土壤不成团则太干。"干栽"的意思就是直接用上面说的潮土种多肉而不浇水，等过两三天土壤干燥后再浇水。这就是种多肉要潮土干栽的意思。

爱染锦成活率高，是比较好养的斑锦品种。

Q A 砍头是什么意思

也叫"打顶"，是指将植株顶端部分和基部分离，以促进多肉繁殖的方法，也可以用于植株出现严重病害时的紧急处理。

Q A 叶插是什么意思

叶插是多肉植物非常独特的一种繁殖方式。将多肉植物的叶片（绝大部分品种需要用完整的叶片，部分品种用不完整的叶片也能叶插成功）放置于土壤上，促使生根，长成新的植株的一种繁殖方法，而且大部分多肉都可以用叶插的方式繁殖。

Q A 缓苗是什么意思

缓苗就是刚刚栽种的多肉或者刚换盆的多肉，在进行正常的养护前，应置于有明亮光线且通风的地方养护，而不是直接拿出去晒太阳、浇水。在植物恢复生机之前的这段时间，都是多肉的缓苗期。通过缓苗，多肉才能逐渐适应环境，恢复正常生长。

Q A 黑腐、化水是什么意思

黑腐和化水是多肉在夏季常发生的病害。黑腐多数时候的表现先是叶片化水，之后变黑腐烂，也有的是叶片或叶心直接变黑、腐烂，有的是先在叶片出现黑色斑点，然后蔓延至茎秆或整株。化水的多肉植株或叶子呈现黄色，带透明质感，有些是病态的，有些单纯是生理性的，并不会蔓延。导致化水和黑腐的主要原因是高温高湿，或者真菌感染带伤口的根系或叶片等。黑腐的救治比较难，重在预防。

买肉要有"小心机"

喜欢上多肉就忍不住要买，有的人习惯网上买，有的人喜欢逛花市，也有的人爱去大棚买，究竟哪里的多肉好呢，买多肉还有哪些小技巧是你不知道的？下面就一起来了解一下吧。

网上购买多肉时，若颜色如上图中过于鲜艳，则要看看买家秀。

挑选玉露时应看其窗面是否通透

Q A 应该买什么样的多肉

刚开始认识多肉的时候，总是觉得每一株都很漂亮，在那么多的多肉面前挑花了眼，不知道应该选哪一株才好。这里就为大家讲讲什么样的多肉才算好的多肉。

看株形，周正、不歪七扭八；叶片紧凑、多而饱满，颜色亮丽鲜艳，而不是暗沉没有光泽；有霜粉的，以霜粉完整的为好，玉露、寿等应挑选窗面饱满、透亮的。价格一样的情况下，应选择植株健壮、群生或茎秆比较粗壮的。

Q A 新人买多肉应该注意些什么

春秋季购买为宜，避开冬夏季。一般多肉植物冬夏季生长欠佳，很难买到理想的多肉。

新人购买时应先选择皮实好养的品种，不要买价格太高或比较珍贵的品种，否则很容易失败，导致养肉信心受挫。

Q A 哪里可以买到多肉

买多肉的途径非常多，比如花市、网络、大棚等，但是，在这些地方买多肉都有利有弊，你可以根据下面列的条款来比较一下。

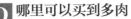

花市、大棚购买多肉更容易买到合意的。

购买方式	优点	缺点
网店、论坛	1.购买简单，品种齐全，足不出户就能买到多肉。 2.比价方便，价格较合理，还能与网上好友互相交流买多肉、养多肉的经验。	1.无法直接看到多肉，不易判断植株大小、健康等情况。 2.若买卖双方所处地域不同，多肉需要较长时间适应新环境和恢复。 3.快递过程中，多肉很容易受伤。
花市、花店、超市	1.能够直观的看到多肉的品相、健康状况、植株大小等。 2.更容易买到自己喜欢的多肉。	1.容易将病虫带回家。 2.价格波动大，新人难以把握，容易花冤枉钱。
大棚	1.品种丰富，植株健康状态好。 2.连盆端，不用重新种植。	1.容易将病虫带回家。 2.一般大棚都在郊区，交通不太便利。

买多肉可以挑选自己比较方便的方式，如果附近有花市可以去花市，如果周围没有方便购买的地方，也可以网购。还有一些多肉的论坛，时常会有肉友发布自己养多肉的经验心得和购买经验、教训，常逛论坛不仅能长知识、结交朋友，还能从肉友那里得到非常多可信赖的卖家信息，大大提高自己买到心仪多肉的概率。

Q 新人买多肉怎样才能不被坑

A 买东西非常通用的一个技巧就是"货比三家"。你可以多询问几家的价格，做个对比，就知道大概的价格是多少，不至于被漫天要价的奸商给坑了。

现在在网上买多肉也很方便了，即使你不在网上买，也可以事先在网上了解下价格。如果你有特别想买的品种，可以在网上看看大概什么样的卖多少钱，去花市或大棚买价格会稍微贵一些，但不会差太多。

如果在网上买，最好找朋友推荐的或者口碑好的卖家，有一物一拍服务的卖家最好了。不过要特别提防多肉照片颜色太鲜艳或比较奇特的，这很可能是商家过度修图造成的，实物是什么样就不得而知了。

Q 为什么出锦的多肉比普通的贵

A 多肉的斑锦品种一般比较贵，因为锦化是非常难得的，不是人为干预能够做到的。为了牟利，有些商家会使用药剂，让多肉呈现出"假锦"，也称为"药锦"，这种锦一般整片叶子或生长点周围变白或变黄，而不是一片叶子两边或中间变白或变黄。这种假锦是不稳定的，而且对多肉的破坏性比较大，后期很难养活，新人要注意区分。

正常的玉蝶锦。

多肉斑锦的种类

多肉斑锦有不同的分类，叶片的锦化部位不同有不同的称谓，常见的有覆轮锦、中斑锦和全锦。

1 覆轮锦：叶片边缘变黄白色，中间为绿色。

2 中斑锦：叶片中间变黄白色，边缘为绿色。

3 全锦：整个植株变黄色、白色或粉色，或群生中一个单头整体变黄色，无叶绿素。

Q 为什么网购多肉和收到的不一样

A 网络商家出售的多肉都是随机发货的，多肉的品相不一定都非常好，而他们在商品区展示的图往往是非常漂亮的状态图。很多新人会以为自己买到手的多肉就是图片上的样子。等到收货时，才发现很多品种认不出来了，因为它们跟图片上的多肉相差太多。网购多肉最好在春季和秋季，这样不仅收到的多肉品相好，而且容易成活。

网购的多肉大部分都是随机发，可能会收到与图片差距较大的多肉。

可以按照自己的想法动手组合多肉。

Q 为什么多肉拼盘都很贵啊

A 多肉拼盘对人的诱惑非常大，因为小小的一堆多肉挤在一起既热闹又有生机，谁看了不喜欢呢？而且有些拼盘充满了奇思妙想，有的栽种出了童话世界般的场景，有的好像一幅立体画作……其实拼盘里的多肉品种都不是特别贵的品种，贵就贵在了创意。如果你有好的创意完全可以自己动手拼一盆。

Q 群生多肉都很贵吗

A 这要看怎么比较了，对于同一个品种，群生的肯定比单头的贵，但是不同品种间，同样是群生的也有很便宜的。如果喜欢群生，又觉得有些贵，可以买一些非常普及的品种，如观音莲、红宝石、艳日辉、女雏等，这些品种的群生都不算贵。还有一个办法就是买单头多肉，然后拼种在一起，产生类似群生的感觉。

Q 萌多肉种起来

买回家的多肉要怎么栽种呢？这么小的植物要多大的盆来种呢？种完了可以晒太阳吗？这么多的问题，下面我们一一来解答。

Q **养多肉需要哪些工具**

A 为了照顾好多肉，你需要准备些必要的小工具，它们在日常的养护中都用得到。这些小工具不一定都要重新购置，也可以找其他物品替代。

小型喷雾器：在空气干燥时，向植物或植物周围喷雾，增加空气湿度。一般用于玉露、玉扇、寿等十二卷属植物及叶插、播种小苗的喷雾。同时，喷雾器还可用作喷药和喷肥。

浇水壶：推荐使用挤压式弯嘴壶，可控制水量，防止水大伤根，同时也可避免水浇灌到植株上留下难看的水渍印记。浇水时沿花盆边缘浇灌即可。

小铲：用于搅拌栽培土壤，或换盆时铲土、脱盆、加土等，是养多肉的必备工具。一般多肉的花盆并不大，推荐使用迷你小铲。

刷子：可以用软毛牙刷或毛笔、腮红刷等替代，用于刷去多肉植物上的灰尘、土粒、蜘蛛网、脏物及虫卵等，叶表被覆白霜的品种不适用。

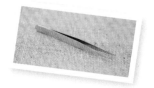

镊子：清除枯叶，扦插多肉，也可用于清除虫卵。

桶铲：主要是种植的时候用来填土的，干净又方便，不会把土弄得到处都是。这个工具也可以用饮料瓶改造，把饮料瓶瓶身剪成开口是椭圆形的就可以了。

气吹：清除多肉植物上的灰尘，而不损害植物表面覆盖的白霜。维修电脑使用的气吹就可以，家里有的话就不必再买了。

剪刀：修剪整形，一般在修根及扦插时使用。

Q A 网购的多肉怎么种

通常网购多肉都是裸根运输的,就是不带花盆,不带土的。当你收到多肉时,它们很可能出现干瘪、萎缩的情况,不要担心,多肉的抗旱能力是很惊人的,即使将它们的根部暴露在空气中一个月也不会死的,只要提供合适的环境,上盆后它们很快就能恢复活力。

① 准备好花盆、多肉。为多肉挑选合适的土壤,并对土壤进行消毒、晾干、喷水,注意调节好土壤的湿润度。

② 为了避免土壤从花盆底部的孔洞漏出,可以先在花盆底部铺一层纱布或大的陶粒。

③ 装入营养土,土壤到花盆适当高度时,用镊子轻轻夹住多肉,放在花盆中央。

④ 继续用小铲或桶铲填入营养土,埋住根部。土加至离盆口1厘米处为止,不宜过满,稍蹾一蹾花盆使土壤更加紧实。

⑤ 铺上一层麦饭石或其他浅色颗粒土,既可降低土温,又能支撑株体,还可提高观赏效果。

⑥ 用刷子或气吹将多肉清理干净,放阴凉通风处养护。等过1周左右,多肉有生长迹象了,可以大水浇透一次。

Q A 要用什么土养多肉

养多肉的土，要求有良好的透水性和透气性，疏松、透气、不易板结，可以一两年不用换盆。土壤主要有两大类，一类是颗粒土，一类是腐殖土。颗粒土常见的主要是麦饭石、火山岩、赤玉土等，腐殖土包括泥炭土、腐叶土等。

泥炭土：呈酸性或微酸性，其吸水力强，有机质丰富，较难分解。

麦饭石：有很多种颜色，常见的为淡黄色，透水性好，含有多种微量元素，有改善土质的作用。可与其他土壤混合使用，也可以做铺面石使用。

火山岩：红褐色，含有丰富的微量元素，透水、透气，抗菌、抑菌。使用前应先用清水洗净。

腐叶土：是由枯枝落叶和腐烂根组成的，它具有丰富的腐殖质和良好的物理性能，有利于保肥和排水，土质疏松、偏酸性。可堆积落叶，发酵腐熟而成。

赤玉土：褐色，由火山灰堆积而成，透水、透气性好，但时间久了容易粉末化。

陶粒：多种材料经过烧结而成，大部分呈圆形或椭圆形，尺寸一般为 5~20 毫米不等，具有隔水、保气的作用，一般在比较深的花盆中垫底使用，也可以搭配其他介质做基质使用。

珍珠岩：天然的铝硅化合物，具有封闭的多孔性结构。通气良好，保水、保肥效果较差，材料较轻，易浮于水上，不宜单独使用。

煤渣：蜂窝煤燃烧之后的残渣。煤渣经过高温燃烧后，不带病菌，不易产生病害，含有较多的微量元素，透气性、保水性都很强，使用前最好用清水浸泡一夜。

天然粗沙：主要是直径两三毫米的沙粒。粗沙中几乎不含营养物质，具有通气和透水作用。可以用来铺面，也可以和其他介质混合使用。

Q 什么样的土壤比例才能养好多肉

A 配土的比例不是固定的，土壤与环境、气候、花盆透气程度以及浇水频率是相辅相成的，它们之间要相互协调，多肉才能长得好。这里大概说说普遍性的配土比例，仅供大家参考。

不同环境需要不同的配土	不同植株需要不同的配土
颗粒土与腐殖土的比例为 1:1，适用于排水良好的花盆和比较干燥的环境。 颗粒土与腐殖土的比例为 7:3，适用于排水不太好的花盆和比较潮湿的环境。	颗粒土与腐殖土的比例为 1:1，适用于直径大于 5 厘米的成株。 颗粒土与腐殖土的比例为 3:7，适用于叶插苗、小苗的繁殖。 颗粒土与腐殖土的比例为 7:3，适用于老桩的养护和需要控形的植株。

另外，想要控形的话，也可以使用全颗粒土，不过前提是根系要健康。颗粒土包括鹿沼土、火山岩、珍珠岩、赤玉土、麦饭石、煤渣、粗沙等；腐殖土包括泥炭土、草炭土、腐叶土、园土等。

Q 多肉适合用什么样的花盆来养

A 养多肉的花盆外形和材质多种多样，可以根据自己的喜好来选择，但透气性好的花盆对多肉植物生长非常有利。在大小方面，常见的口径尺寸是 7~10 厘米，高度为 5~8 厘米。也有一些特别小巧的花盆，口径尺寸大概是 3 厘米，高度 2~4 厘米，这类花盆被称为"拇指盆"，用来养护较小的多肉及叶插苗。

Q 没有底孔的容器能种肉吗

A 用没有底孔的容器养多肉，浇水要十分谨慎，稍不留意就可能水大烂根。所以不建议新人用没有底孔的容器种肉。如果要用，最好选择比较喜水的品种，如玉露、佛珠、五十铃玉等。

Q "服盆"是什么意思

A 多肉上盆后有一段时间是恢复生长的时期，我们称为"服盆期"。这时候，需要在散射光充足的地方养护，浇水量要少。等新的根系生长出来，植株适应新的环境，生长良好即为服盆了。

要根据不同环境和植株类型来调整配土比例。

"懒人法"养多肉不会死

　　你是否有这样的感觉：看了那么多的帖子，读了那么多多肉养护心得文章，还是养不活多肉？因为大家都说，养多肉应该根据自己的环境来区别对待，经验都是踏着一堆堆多肉的"尸体"积累起来的。这里我们不再分析各种因素，而是要给大家一些能把多肉养活的简单方法。

用挤压式弯嘴壶浇水，可有效控制水量。

熊童子每周少量浇一次水，即可健康生长。

Q 新人完全不懂，该多久浇一次水

A 如果你完全不懂怎么浇水，那么就按照1周浇1次的频率来浇。这是一个大概的周期，绝大多数室内养护的多肉能够比较好地生长。当然这里要注意季节和浇水量，通常春季和秋季浇水量比较多，可以是花盆容积的一半，冬季和夏季就要少浇一些，每次1/3的花盆容积即可。

　　如果是室外露养，不可控因素太多，浇水就要考虑很多，绝不是1周浇1次水这么简单。

Q 浇水有哪些法则

A 一般情况下，夏季傍晚或晚上浇，冬季晴天午前浇，春秋季早晚都可浇；生长旺盛时多浇，生长缓慢时少浇，休眠期不浇。浇水的水温不宜太低或太高，以接近室内温度为准。水必须清洁，不含任何污染或有害物质，忌用含钙、镁离子过多的硬水。

"见干见湿"是养活多肉的黄金浇水法则。

Q 见干见湿地浇水是什么意思

A 见干见湿，是肉友们交流中常用到的词，这是多肉浇水的总原则，即土壤干透后浇水，浇水一次浇透。判断土壤是否干燥，可以利用一个简单的方法：把竹签插入土壤中，经常抽出竹签查看它是否带出泥土，如果有泥土带出，说明土壤还比较湿润。浇水应缓慢地沿着盆边浇灌，等花盆的底孔有水流出就表示水浇透了。大部分情况下，见干见湿地浇水能让多肉长得很好。

Q 多肉不施肥也能变肥美吗

A 多肉原产地的土壤十分贫瘠，但它们照样能活得很好，这说明多肉并不需要多么肥沃的土壤，所以养多肉可以不用施肥，这也让大家省了不少力气吧。即便不施肥，适当地控水也能让多肉肥美起来。

Q 多肉每年都需要换盆吗

A 只要是土壤没有板结，花盆没有坏，多肉没有长大到花盆装不下，都不用换盆。一般来说，多肉生长速度比较慢，两年换一次盆比较合适。如果个别的品种生长比较快，根系充满了整个花盆，或者个头、茎秆太大，就需要及时更换花盆了。

多肉植物浇水的方法

看似简单的浇水，其中也有不少小技巧，不同的多肉盆栽可以选择不同的浇水方法。

1 一般浇水方法：直接沿着盆边浇水，注意应控制水流，慢慢、细细地浇，这样有助于土壤充分吸收水分。

2 喷雾：用喷壶喷雾，这种方法适合叶插小苗及百合科多肉植物夏季的浇水。

3 浸盆：让花盆浸入水中，水面大概为花盆高度的 2/3，直到表层土壤变湿润就可以拿出来了。适用于长期缺水以及土壤吸水能力比较差的植株。

适当施用钾肥能使茎秆更健壮

多肉繁殖，超有成就感

能养活多肉是件快乐的事，如果能繁殖出更多的小多肉，感觉自己更有成就感！有了更多的多肉，就可以送给亲朋好友，和论坛里的肉友互相交换，和大家一同分享养肉的喜悦啦。

筛选健康叶片

叶插成功的第一个要素是叶片健康，什么样的叶片才是真正健康的叶片呢？

1 健康的叶片：生长点完好，饱满、无外伤，叶插成活率高。

2 不太健康的叶片：摸起来发软，叶插成活率低。

3 化水的叶片：叶片部分或全部是透明的，无法叶插成功。

部分叶插出芽后母叶会逐渐消耗或化水。

Q A 什么季节进行叶插好

对于新手来说春季和秋季是叶插的好时机，但其实只要温度在20℃左右就可以叶插，对于高手来说，一年四季都可以叶插。

叶插主要是掌握两个因素：空气湿度和温度。叶插出根发芽的前期基本不需要吸取外界的养分，就算你把叶片放在空花盆里，只要温度和空气湿度合适，它们也会发芽。适宜叶插生长的温度是20~25℃，空气相对湿度为50%~80%。

叶插出根出芽后就可以移盆了。

叶插出芽后要注意防晒，定期喷水。

Q 叶子长根了，但没有长芽，可以晒太阳吗

叶片长根了，需要将根系埋入土中，或薄薄地覆一层土。然后可以开始晒太阳，但不要直接晒，最好隔着玻璃，日照的时间应逐渐增加，最开始可以先每天晒1个小时，3天后再增加1个小时，接受日照的时间逐渐增加。但是应注意，叶插苗太娇嫩，不能暴晒。当你站立在阳光下，感觉直接接触阳光的皮肤发烫，这样的阳光就不能让多肉叶插苗直接晒。

Q 叶插半个月没动静，还能发芽吗

你如果尝试叶插后就会发现，叶子生根或出芽的时间非常不一致，尤其是不同品种之间更是如此。虹之玉、胧月、姬胧月等叶片出根或出芽比较快，桃之卵、桃美人等的叶片出根、出芽时间比较长，需要耐心等待，只要温度、湿度适宜，叶片健康，它们都会出芽的。

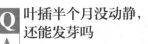

Q 多肉叶插长到多大能移盆

这个没有固定的时间。只要叶插苗出根也出芽了，就可以移盆。一般情况是，多肉叶插苗都长大了，在一个盆里比较拥挤了，这时候就可以移盆了；如果叶插苗很久没有长大了，也可以移盆，移盆后会长得更好。如果叶插苗的母叶化水了，而叶插苗还很小，就不能轻易移盆，应至少让小苗长到2厘米才可以移盆。

Q A 多肉砍头还能活吗

"砍头"听起来是很吓人，但其实是多肉繁殖的一种非常高效、简便的方法。砍头属于扦插的一种，是让多肉植物从一株变为两株，从单头植株变为多头植株较为理想的方式。

① 选择需要砍头的多肉植物。徒长的多肉可以利用砍头来重新塑形，一些茎秆出现病害，还未殃及顶部的多肉，也可以用砍头来"拯救"健康的部分。

② 选择恰当的位置砍头，剪口平滑。剪切前可以将部分叶片摘除，这样更有利于剪出平滑的切口。

③ 将剪下的部分摆放在通风干燥处，晾干伤口，注意伤口不要碰脏。剪完的底座伤口也要晾干，不要暴晒。

④ 等伤口干燥后，剪下的"头"就可以插入土壤中等待重新生根。

Q A 砍头后的多肉应该如何养护

砍头后刚栽种的小苗应放在有明亮光线但不被太阳直射的地方。春秋季节砍头后，1 周左右会生出新根，可浇透 1 次，等再过 1 周就可以移至太阳直射的地方，每天进行 2 小时左右的光照，然后视多肉生长情况可逐渐增加日照时长。约 4 周后就可以正常养护了。剪完的底座等伤口结痂就可以放回原来的位置，进行正常养护了。10~15 天后，你就会发现底座上会生出一些"小头"来，很快它就会长成一棵漂亮的多头多肉了。

Q A 多肉分株与砍头有什么不同

分株是指将多肉植物母株旁生长出的幼株剥离母体，分别栽种，使其成为新的植株的繁殖方式。分株和砍头的操作方法基本相同，之后的养护也类似。通常我们说的砍头是指将一株单头多肉上下部分一分为二；分株是将群生多肉中的侧芽分离母株，使其成为一个个的单头植株。砍头和分株都是快速简单而又容易保存母本基因的繁殖方式。

Q A 多肉能播种繁殖吗

大部分多肉会开花，当然也能结种子，自然可以播种繁殖。多肉植物中许多品种都可以通过自株授粉和异株授粉来获得种子。新手也可以直接购买多肉植物的种子播种栽培。播种过程中，看着心爱的萌肉一点点长大，自己的成就感也一点点增强。

① 准备播种用的土壤和育苗盆，土壤以细颗粒为主，将土装满育苗盆，表面弄平整并浸盆。

② 多肉的种子特别小，播种时要放到白纸上，用牙签蘸水然后将种子点播在育苗盆中，注意不要覆盖土壤。

③ 把育苗盆摆放到光线明亮处，避免阳光暴晒。可以给育苗盆蒙上塑料薄膜，并在顶部用牙签扎几个孔透气，这样既能保持湿度又不会闷热。

④ 隔两天喷雾，保持盆土湿润。注意出芽前不要晒太阳。

Part2

和多肉一起走过四季

多肉的魅力在于它们会随四季变化而不断更新自己的美丽。在春季，它们是红色的、黄色的、橙色的、紫色的，在夏季是绿色的，等到秋冬又逐渐染上了鲜艳的颜色。然而它们也会出现问题，长虫子了、生病了、晒伤了，这些都需要你来帮它们解决。

春季

——换盆、繁殖，多肉快长大

春季是万物生长的季节，对于喜爱多肉的朋友来说这是个可以放肆买多肉、种多肉、繁殖多肉的季节。很多朋友也是在春季看到萌萌的多肉才掉入"肉坑"的。虽然春季气候适宜多肉生长，也是换盆、繁殖的好时机，但是春季种肉也会遇到一些问题，下面我们就一起来看看吧。

辨别相似品种

如何区分玉缀、新玉缀和千佛手？区分前两者和后者非常容易，前两者个头小，单头直径约 1.5 厘米，后者个头大，成株直径有 5~8 厘米。

1 玉缀：叶形细长，稍有弯曲，叶先端较尖。

2 新玉缀：叶片短而粗，叶先端比较圆润。

3 千佛手：个头大叶片细长，叶先端较尖，叶片密集。

春季刚开始露养时应注意逐渐增加日照时长。

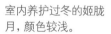

室内养护过冬的姬胧月，颜色较浅。

Q 为什么我的多肉在春季晒伤了

A 很多在室内过冬的多肉，长期接受的是强度比较弱的日照，而且日照时间比较短，突然接受无遮挡的强光则非常容易晒伤。这是因为多肉还不能适应突然改变的环境，所以春季开始露养时，应注意逐渐增加日照时长。

Q 多肉什么时候可以从室内搬到室外

A 需要将多肉移入室内过冬的大部分地区，要到 3 月初左右最低气温才升高到 0℃以上。各地气温还是略有不同的，可以根据天气预报来判断，当最低气温稳定在 5℃以上时就可以搬到室外养护了。

姬胧月春季露养的状态。

Q 换盆时不能顺利取出多肉怎么办

A 在给多肉植物换盆时，有时会遇到根系和土壤贴盆壁过紧，而无法顺利将多肉植物取出的情况。此时，切忌用蛮力将多肉植物取出，否则很容易损伤根系。如果是塑料花盆，可以用力捏一捏花盆壁，让土壤和花盆分离开来，再轻轻倒出多肉植物。如果是陶盆、金属盆、玻璃盆等可以用橡皮锤子敲击盆壁，等盆土有所松动后，再将多肉植物取出。还可以用小工具将盆土疏松后再取出多肉。

根系过多要先清理，再晾干，最后栽种

Q 多肉根系太多了，要怎么上盆

A 首先清理下过多的根系，放到阴凉通风处晾干伤口。花盆里放上一半左右的土，然后把晾好的多肉根系均匀分散开，再继续添加土壤就好了。

Q 砍头后的多肉如何生根

A 将砍下的多肉反过来晾干，大部分多肉植物晾两三天即可。准备稍湿润的沙土，将"头"放在沙土上。等待生根的多肉只需要保持土壤湿润，可以不用浇水。

Q 修根要修到什么程度

修根是上盆前的一个必要步骤，实践证明，换盆修根后的多肉比不修根的多肉生长状况更好。但修根到底要修到什么程度，很多人都不太清楚。一般来说，根系较少的基本不用修根；根系比较多的，先剪除黑色的根系、干枯的根系，还有大部分的须根，只保留主要的根系即可。多肉老桩修根，需要注意将木质化严重的根系剪除。

Q 想要叶插，如何掰叶片

虹之玉、桃美人、桃之卵等这类叶片比较厚实，叶片生长点和茎秆连接部分不多的品种相对比较容易掰叶片，左右轻轻扭动就能摘下来。对于像红宝石、蓝石莲、芙蓉雪莲等，或叶片本身太脆，或叶片生长点与茎秆连接比较多，或是叶片比较密集的，最好在换盆、砍头或发生徒长的时候再掰叶片，这样能较好地保证叶片生长点的完整。

正常植株摘叶片的话，也要等盆土比较干燥的时候再摘。如果叶片比较密集，可以用镊子轻轻夹住叶片（尽量靠近基部），左右晃动，感觉生长点和茎秆的脱离程度，慢慢施力。力度非常重要，通过长期练习，你会慢慢找到诀窍的。

多肉修根时只留主要根系即可。

Q 叶插小苗生长缓慢怎么办

叶插小苗生长缓慢的一个原因可能是本身的根系有问题，可以重新栽种一次，让根系重新萌发、抓土。还可能是土壤的问题，小苗根系细而软，在比较硬质的土壤中不容易扎根。所以培育小苗还是要以疏松并且保水的泥炭土、草炭等为主。另外，小苗的根系少，吸水能力还没有成株强，所以需要经常喷雾。不用怕水多，小苗的新根是非常喜欢水的，只要保证盆土不积水就可以。

Q／A 叶插出芽后干枯的母叶，摘还是不摘

叶插出芽后不久母叶可能因为各种原因而枯萎，这时候可以将母叶摘除，懒一点的话不摘也没关系。但如果是母叶化水或者发霉了，就应立即摘除，以免传染给小苗。如果养护过程中发现母叶轻微发皱，应立即浇水，长时间的缺水容易导致母叶干枯。养护得当的叶插小苗，母叶会一直健康，等小苗长到足够大，还可以将母叶摘下来，再次进行叶插。

Q／A 叶插只长根不出芽怎么办

前面讲过了，叶插出根出芽的时间并不一致，有些会先出根再出芽，通常这种情况不用担心，适当晒晒太阳，并喷水保持土壤湿润，过几天或者1周就会有小芽长出来了。如果过了好几个月都没有小芽长出来，你可以试试把原来的根系全部剪掉，让叶片重新发根，但这种方法不一定都能出根、出芽。

还有一种比较常见的情况是先长芽后出根，出芽后先不要急于晒太阳，依然要在半阴环境中养护，并时常喷雾。只要叶片没有完全萎缩、化水，一般都会出根的。

Q／A 多肉徒长怎么办

一般多肉徒长是由于光线不足导致的，但这也不是多肉徒长的全部原因，盆土过湿，施肥过多同样会引起茎叶徒长。所以日常养护的时候就要避免浇水、施肥过多。如果已经徒长了，要移到通风良好、日照充足的地方养护，时间久了就会养成老桩。如果过度徒长，株形难看，也可以采取砍头的方式，重新栽种。

徒长的不同品相

春季多肉非常容易徒长，尤其是室内养护的多肉，光照不足，通风不够，两三天就能徒长成一棵"小树"。

1 摊大饼：叶片向外展开，几层叶片几乎位于同一水平面上，属于轻微徒长，需加强光照。

2 穿裙子：多肉茎秆伸长，叶片严重下垂，形成层层叠叠的裙子状。

3 严重徒长：茎秆不断拔高，叶片间距大，植株细弱。

Q/A 为什么新栽种的多肉外围叶片总是软软的

新上盆的多肉，因为根系受损，不能有效吸收水分、营养，所以植物底部的叶片中的营养被渐渐消耗以维持生命，就会显得蔫蔫的，用手摸叶片比较软，不硬挺，这是正常现象。一般新栽种的多肉都会消耗底部的几片叶子，之后才会正常生长。

拟石莲花属多肉
开的花朵。

Q/A 怎么判断砍头后的多肉生根了没有

在这里要特别提醒新人朋友，切忌经常随意翻动、拔出正在发根的多肉，这样做你的多肉是永远生不了根的。即使生根了，在被你拔出来后它也要重新发根、抓土。想知道多肉生根了没有，可以轻轻晃动下花盆，看看植株有没有松动的迹象；也可以观察生长点，生根后的多肉生长点会变绿，莲花座形多肉的叶片会向外展开。

Q/A 都说多肉开花会死，是真的吗

"多肉开花会死"完全是一个误会。我们常见的多肉品种一般开花并不会死，开花后死亡的只是少数品种，最常见的是瓦松属的子持莲华、富士、凤凰、瓦松等。还有黑法师、山地玫瑰、观音莲、银星、小人祭等，母株开花后就会萎缩死亡。不过母株死亡后，在两旁会长出新的小株，这是植株自然更新。还有龙舌兰也是开花后主株死亡，旁生侧苗，但龙舌兰开花一般需要几十年甚至上百年。

如果你觉得花朵还挺漂亮，可以正常养护，让它继续开花。也可以用不同植株的花朵相互授粉，培育种子。不过开花会消耗母株大量的营养，所以如果你觉得不好看，那就早早地剪掉。另外如果植株本身的状态不太好，还是建议剪掉花箭，避免开花使母株雪上加霜。

Q/A 给多肉换盆的好时机是什么时候

多肉换盆的最佳时期有以下两个阶段：一个是春季和秋季这两个时间段，因为这个时候的温度、日照和水分都比较适合，特别是温度。春秋的温度适宜，多肉可以较好地恢复。另一个时期就是开花以后，在植物界，多数开花植物都适合在花谢后换盆。

Q A 种下很久了，怎么不见长大

虽然春季是大部分多肉植物的生长季，但是相对一些草本、藤本植物它们的生长速度是非常慢的。短时间内多肉的大小不会发生太大变化，但是也会有细微的改变。经常为它们拍摄照片做记录是很好的习惯，半年或一年后你就能看到它们明显长大了。

还有一种情况是，它真的没有长。叶片干瘪缩水，植株感觉没有生机，这说明根系还没有恢复好，不能很好地吸收水分和营养。需要在半阴环境中养护，每周1次大水浇透，或者淋一场小雨，过一阵子就能恢复生机了。

雪莲外围叶片发皱，需要彻底浇透一次水。

Q A 多肉小苗多久能养成老桩

老桩是指有明显木质化的主干和分枝的多肉植物。"老桩"这个词听起来就有很沧桑的感觉，养成老桩其实也不用很久，生长迅速的品种，如胧月、劳尔、蓝苹果等一年左右就能成老桩。想要养老桩就不能心急，不能为了迅速长桩子而频繁浇水、施肥，水肥太多容易使多肉的茎秆细软，不容易直立。最好还是正常养护，让它们接受最长时间的日照，保证茎秆粗壮才好看。

自然养成的老桩更好看。

Q A 用淘米水浇多肉能促进生长吗

直接用淘米水浇多肉并不能促进生长，反而容易造成土壤板结，发生病虫害等，浇得过多还会灼伤植株根系。想要使用淘米水浇多肉，应先使其腐熟才行。淘米水要装入一个密闭的容器中，不能装太满，放在温暖向阳处，隔天打开盖子透透气，腐熟过程中会有一些臭味，等完全腐熟后就没有味道了。

施用淘米水时，应取上层的清液，兑等量的清水，搅拌均匀后再沿着盆边浇灌，不可浇到叶片上。

未经腐熟的淘米水不能用来浇多肉。

夏季

——虫害、黑腐，多肉的天劫

对于新手来说，夏季是非常恐怖的，多肉化水的化水，掉叶子的掉叶子，搞不好就全军覆没了。对于多肉来说，夏季是必须经历的天劫，挺过去就能变得更健康、更美丽。所以，新手们赶紧学起来吧，让我们帮助多肉战胜夏季、战胜病害，迎接绚烂多姿的秋季。

多肉休眠程度

黑法师、山地玫瑰在夏季高温时会休眠，而且休眠特征很明显。休眠是一个过程，可以通过观察多肉的形态来判断休眠程度。

1 浅休眠：多肉生长缓慢，叶片光泽暗淡，稍微向内聚拢。浇水量应减少到原来的一半。

2 深度休眠：多肉停止生长，叶片严重向内聚拢，底部叶片干枯。浇水量可减少到原来的 1/5 或者断水半个月。

Q 多肉茎秆干瘪了，怎么办

A 多肉茎秆底部干瘪，叶片发皱，是根系出了问题。现在最好砍头，将干瘪的茎秆去除，只留下健康的部分，晾干后重新栽种。出现茎秆干瘪的情况，可能是土壤板结引起的。板结的土壤即便正常浇水，根系也吸收不到多少水分，长期下来根系就会枯死，进而导致茎秆逐渐萎缩。

若多肉茎秆干瘪，可以采取砍头的处理方式。

夏季若观音莲生长缓慢或叶片包拢起来，则表示进入休眠状态。

Q 夏季休眠的多肉如何养护

A 首先你要了解多肉什么样的状态说明它在休眠。浅休眠状态的植株一般是生长缓慢，叶片颜色黯淡无光，深度休眠的植株叶片会包拢起来，有一些则表现出底部叶片逐渐枯萎。

对于夏季休眠的多肉，你可以把它放到阴凉角落的散射光环境下养护，浇水量要少，浇水间隔要长。忌大水浇灌，可在偶尔天气凉爽的时候多浇水。散射光、少水、通风，记住这关键三点就可以很好地照顾休眠的多肉了。

劳尔的这种状
态并非是休眠，
而是严重缺水。

Q&A 如何判断多肉是否"仙去"

常常有新手把休眠期的多肉植物当作是"仙去"的多肉，
而将它们丢弃，造成了不必要的损失。实际上，大部分
多肉植物在夏季或冬季时都需要经历休眠或半休眠期，这一
阶段的多肉植物叶片大多会脱落、褶皱，状态不佳。而真正"仙
去"的多肉，则是完全萎缩的，或是黑腐、化水。如果植株只
是显得不精神，叶片萎缩，这样就还有一线生机。此时需要
减少浇水，适当遮阴，或摆放在温暖的地方。等休眠期过后，
多肉植物就能恢复良好的状态了。

Q&A 多肉底部长了很多小苗，怎么办

不少多肉植物会出现
群生的现象，也就是在茎秆
上、基部长出小苗，如劳尔、
蒂亚、红爪等都很容易群生。
一般来说，不需要特殊管理，
但是如果基部叶片太多，会
挤压小苗，让小苗没有生长
的空间。特别是在夏季，小
苗甚至会被闷死在基部叶片
下。因此，需要适当地修剪
或者直接掰下挨近小苗的叶
片，给予小苗生长的空间。
掰下的叶片还能够用来叶
插，生长出更多的植株。

若基部叶片阻碍小苗
生长，应修剪叶片。

Q&A 多肉底部叶片腐烂了，怎么办

如果生长一直正常，只
有底部少许叶片腐烂，可能
是土壤太保水造成的。底
部叶片长期接触潮湿的
土壤会引发腐烂，所以，
配土不能太保水。另外
也可以在土壤上面铺一
层颗粒稍微大一点的铺
面石，比如赤玉土、麦饭石
等，可以有效防止此类情况
发生。

底部叶片腐烂较严重，需要
换盆，清理腐烂的叶片。

Q 多肉表面柔软干瘪怎么办

A 一般来说缺水会导致多肉表面柔软干瘪，这种情况并不致命。只要充分浇水，让土壤彻底湿透，植株过两天就能恢复健康。但如果浇足了水，多肉叶片还是柔软干瘪，那就要看看是不是根部出现了问题。一般需要把根系挖出来检查，然后清理根系或者直接砍头重新发根。在干燥环境下的无根多肉，其叶片也同样会柔软干瘪，等生根后及时给水就能得到缓解。另外在盛夏季节，如果没有采取遮阴措施，多肉的叶片也可能会被晒得变软发皱。这时候就要移到比较凉爽的地方进行养护。

桃之卵浇水过多，
容易掉叶片。

Q 一碰就掉叶子，是水浇多了吗

A 有的多肉由于叶柄比较小，而叶片圆圆的，故而一碰就容易掉叶，比如虹之玉、姬秋丽，这种情况不用担心，尤其像虹之玉，它的生命力非常顽强，掉下来的叶子也会生根发芽。

但有时候多肉掉叶子有可能是浇水太多，或者根部出现了问题。浇水过多的多肉，叶片容易掉落，应搬到通风处，使土壤尽快干燥。根部出现问题的多肉，一般叶片会萎缩而导致脱落，这种情况下修剪根部是最好的办法。还有一些可能是茎秆或根系黑腐了，稍微一碰叶片就哗哗的掉，这种情况就基本没有办法挽救了。

Q 叶片变黄变透明了，怎么办

A 叶片变黄变透明就是化水，原因比较复杂，跟天气较热、土壤水分多都有关系。还有的是因为密集的叶片中生小芽，为了给小芽更多的空间，一些叶片也会化水、干枯。

发生化水后，应观察化水叶片的数量和位置，如果数量多，位置集中在一个地方，则很可能是这个部位出了问题。摘除化水叶片，观察茎秆，如果发黑，则应立即砍头，挖净黑色的部分，晾干伤口后重新栽种。若化水叶片数量少，则摘除叶片后放在通风的位置养护，继续观察，或者可以喷洒灌溉多菌灵溶液，每3天1次，连喷3次。

Q 夏季室内闷热怎么办

A 夏季的气温比较高，如果通风不畅会形成高温高湿的环境，多肉很容易滋生病菌造成植株黑腐。所以，夏季通风也是非常重要的。如果开窗都不够通风的话，可以尝试给多肉们吹电风扇，通风效果相当不错。另外，也可以想办法降低温度，比如开空调降低养护环境的温度。

叶片化水应及时摘掉叶片并放置在通风处。

Q 健康的多肉一夜间化水了，还有救吗

A 这种情况有可能是浇水多了或者淋雨过多造成的。这时候要及时把化水叶片摘掉，并把植株挖出来晾根。如果能连土壤一起取出的话，就让植株和土壤一起放在通风的地方，等土壤变干后再放回花盆中。还有一种不太乐观的情况，就是不明原因造成的黑腐，一夜之间多数叶片化水，这个速度是比较快的，基本没有抢救的机会。

Q 什么时候开始遮阴

A 遮阴通常是在春末夏初的时候开始，一直到初秋。具体时间，你可以参考天气预报的气温，如果连续3天气温都超过30℃就需要遮阴了。这里说的是已经服盆，且健康生长的植株。刚刚上盆或换盆的多肉需要更加小心。不过因为每个人的环境不同，还是有一些差异的。通风条件好的话，可以耐受的温度稍高，通风不良更容易被晒伤。你可以站在养护多肉的地方感受下阳光的强度。如果皮肤感觉灼热的话，就需要遮阴了。提醒新人，没有服盆的多肉，即使春季正午的太阳也不要多晒，否则比较容易晒伤！

Q 叶子晒伤了，还能恢复吗

A 如果不小心把多肉的叶片晒伤了，除了将它移至阴凉处外，并没有更好的办法让它恢复。晒伤的叶片会留下疤痕，只能等待新叶长出，逐渐消耗掉老叶。如果生长点的嫩叶都被晒伤，会从那里生出多头来。以上说的是晒伤不严重的情况，如果晒得太严重，叶片会直接晒化水的，这时候要摘除这些叶片，并放置到通风、阴凉的地方。大家一定要记住，晒伤后千万不要立即浇水。

晒伤后的多肉千万不要立刻浇水。

Q A 蚂蚁会危害多肉吗

如果在多肉周围发现蚂蚁，那说明蚜虫也离你的多肉不远了。蚂蚁非常喜欢吃蚜虫的粪便，一种含糖丰富的"蜜露"。蚂蚁就好像昆虫界的牧人一样，它们把蚜虫搬运到不同的"牧场"放牧，然后就可以得到食物了。蚜虫为蚂蚁提供食物，蚂蚁保护蚜虫，给蚜虫创造良好的取食环境。通过对它们之间这种互利共生关系的认识，你就知道发现蚂蚁意味着什么了吧？如果发现蚂蚁在你的花盆里活动，还是换土吧。如果蚂蚁在花盆周围活动，可以采用诱杀的方法，用鸡蛋壳、面包屑等引诱蚂蚁，然后集体杀灭，需要连续诱杀几天。多肉植株最好也喷洒 3 次杀虫剂，因为蚂蚁很可能已经把蚜虫放置在了多肉植株上。

Q A 蜗牛会吃多肉吗

我们从课本里、动画片中看到的蜗牛形象往往都是非常可爱、毅力非凡的，然而对于养多肉的人来说，这种动物实在算不上可爱，而且还非常招人讨厌，因为它们会啃食我们心爱的多肉！

蜗牛在南北方都有分布，喜欢生活在阴暗潮湿的地方，雨水较多的夏季是它们的活跃期。雨后的花园和盆栽中经常能看到它们，它们啃食叶片的速度非常快，如果蜗牛较多，多肉将被啃食得非常惨。所以露养的小伙伴们要小心雨后的蜗牛来吃你的多肉。对付蜗牛，除了动手清除外，还可以在花盆外围（不是在花盆中）撒石灰，防止蜗牛靠近多肉。

Q A 没有壳的"蜗牛"怎么治

这种类似蜗牛的虫子名字叫"蛞蝓"，俗称鼻涕虫。它和蜗牛的习性类似，害怕阳光，一般昼伏夜出。因为必须在温暖的土壤中越冬，所以在南方地区比较多见。它会吃多肉，而且身体携带有害细菌，发现后应立即杀灭。你可以在多肉附近栽种几盆薄荷、大蒜、姜等有浓烈气味的植物。还可以在多肉盆栽附近撒生姜粉，这样就可以将鼻涕虫驱赶走了。

如果鼻涕虫特别多，可以使用药物——四聚乙醛，它同样能杀死蜗牛，但是毒性较强，对家中的宠物也会造成危害，所以应谨慎使用。

若发现多肉中有蜗牛出没应及时清理。

Q花心不知道被什么吃了，会不会死

A多肉的叶心被吃掉，一般不会死亡，而是像被砍头一样，会在底部生出多个侧芽来。这时候要担心的应该是被什么害虫吃了，害虫躲在哪里。通常会吃多肉的害虫主要是毛毛虫、蜗牛、鼻涕虫。毛毛虫比较容易发现，在叶片密集的地方，或者在被啃食的叶片里；蜗牛会藏在多肉叶片遮蔽的地方或者花盆背阴处；鼻涕虫与蜗牛类似，还可能会藏在花盆底部。发现被啃食的痕迹，应仔细检查多肉植株叶片密集的地方及花盆周围。

Q多肉表面长了白粉，是什么病

A如果不是多肉植株本身长的白粉，可能是一种白粉病，需要立即与其他多肉植物隔离开来，因为此病会传染。可以到花店或网上购买腈菌唑或氟菌唑，然后按照说明书的使用量对整株及盆土表层喷药治理。白粉病的发病原因多是土壤潮湿、荫蔽时间太久。所以浇水一定要见干见湿，生长季接受充足的日照。

多肉本身的白粉用手触摸就会掉，而白粉病是不会被水冲掉的，用手摸也不会掉，这是区分两者的关键。

Q小白药、小紫药都是什么啊

A小白药和小紫药都是内吸式杀虫剂，对介壳虫有很好的预防和杀灭作用。小白药有明显的臭味，建议埋入土中使用，小紫药无异味，可以拌在土壤里，也可以撒在土表，药效都能持续3个月左右。不过这两种杀虫剂的毒性比较大，对人体健康有一定危害，施用时应注意不要直接接触皮肤，尽量避免在室内施用，家中有孕妇和小孩的应禁用。

介壳虫常常藏身在叶心、叶片背面。

Q多肉长了芝麻大小的白虫子，怎么治

A芝麻大小的白虫子，不爱动，一碰就动，经常在叶心、叶片根部和叶片背面被发现，这就是介壳虫。介壳虫会吸食茎叶汁液，导致多肉生长不良，且容易诱发煤烟病。发现介壳虫后，应立即隔离，并将护花神兑水稀释后喷洒植株表面，7天1次，连续3次，基本就能将介壳虫杀灭。介壳虫的防治是非常重要的，每年3月初、5月底、11月初是防治介壳虫的好时机。如果能在这3个阶段喷药防治，基本能全年避免介壳虫的大爆发。

秋季

——收获美丽

秋季本来应该是欣赏美肉的季节，可惜有些人的多肉不仅没有变美变肥，反而会死亡，有绿油油一片菜色的，还有被鸟儿袭击的……不过，不用着急，这些问题都可以解决，只要你用心照顾多肉，它们一定会以最美的姿态回报你。

Q 熬过了夏季，多肉却死在了秋季，这是为什么
A

秋季在气象上的定义是，从处暑到立冬的这段时间，大概是每年的 8 月 23 日至 11 月 20 日。然而，我国幅员辽阔，有些地方的八九月份天气依旧很炎热。所以说，秋季的多肉养护也不能掉以轻心，不能浇水太多、太频繁，还需要继续注意通风问题。八九月份应注意天气预报，观察多肉生长状况，如果生长缓慢就少浇水，直到多肉表现出良好的生长状态，才能增加浇水量。

静夜结束休眠开始生长的状态。

Q 为什么花盆里的土越来越少
A

细心的朋友会发现，花盆里的土越来越少，这是因为，种植初期的土壤比较蓬松，随着浇水次数的增加，土壤密度逐渐变大，土表就会渐渐下沉，显得少了。还有就是因为浇水会造成一小部分土壤从花盆底孔流失。

Q 遮阳网什么时候能撤
A

因为秋季气温南北差异比较大，撤换遮阳网的时间也有所不同。如果心急晒太阳，最早可在九月中旬撤下来，但应注意比较弱的植株和品种及小苗不能直晒中午的太阳。保险起见，还是等天气预报最高气温稳定维持在 25℃以下再撤比较好。

Q 多肉开花后，为什么没有结种子
A

大部分多肉开花后自然结种子的比较少。因为多肉大部分不能同株授粉结种子，有血缘关系的亲本也不可以，比如同是一棵多肉的叶插苗长大的多肉，开花后相互授粉也不能结种子，少数品种有例外。想要得到多肉的种子，至少需要两棵品种相同、没有血缘关系的多肉相互授粉。不同品种的多肉开花后相互授粉，结出的种子则是两者的杂交品种。

Q A 如何让多肉在秋季迅速上色

秋季天气逐渐变凉，多肉也会逐渐变色，等着大自然给你一个多彩的阳台或花园不失为一种省心省力的办法。可有些人则耐不住性子，急着想要快点看到多肉的美丽容颜。如果是这样，你需要人为地增加昼夜温差，加大控水力度。控水，就是让多肉土壤长时间保持干燥，在叶片出现褶皱后再浇水。增加昼夜温差的办法只适用于室内养护的朋友：白天关紧窗户，增加室内温度，夜间开窗降温，这样可增大昼夜温差，使多肉更快上色。

室内养护可人为增加昼夜温差使多肉上色。

Q A 为什么说秋季播种最好

多肉种子的发芽适温一般在 15~25℃。景天科多肉播种不分季节，但是建议新手在秋季播种，一来种子容易萌发，二来小苗经过冬季和春季的生长能更好地度夏。

将多肉的成熟种子点播到盆器中后，可以在盆器上盖上一个塑料盖儿。每天打开塑料盖儿一次，或是在盖子上戳几个小孔，这样既有利于种子通风，又可以加快种子发芽。如果没有合适的塑料盖儿，也可以用薄膜代替。

被鸟啄伤的叶片可掰下来叶插。

Q A 被鸟啄伤的叶片，掰下来还能叶插吗

如果叶片被啄伤的伤口比较小，可以掰下来叶插，前提是保证生长点完整，被啄伤的地方日后也慢慢会痊愈。如果被啄伤面积比较大，摘下来后很可能会腐烂。

Q A 露养多肉总是被鸟啄伤，怎么办

露养的多肉经常会被小鸟啄伤，尤其在深秋，野外食物比较匮乏的时候，多汁的多肉叶片就成了它们的美味食物。露养的小伙伴早就吃够了小鸟的亏了，所以也有各式各样的防鸟妙招。比较常规的办法是给多肉们制作一个巨型的防鸟笼子，用铁丝网将多肉们罩起来，让小鸟接触不到多肉，这是最安全的办法。还有的人专门去买驱鸟器，产品也比较多，有风力反光驱鸟器、超声波驱鸟器、太阳能驱鸟器，这些效果都不错。还有很多人各出奇招，比如挂红色的塑料袋、光盘，在花盆中插满烤肉串用的签子等。

冬季
——"虐肉"有尺度

　　冬季是很多多肉最美丽的季节，有经验的肉友都知道，多肉变美必须要"虐"，为了多肉状态全出，很多人会尝试露养，让多肉在低温中变美，但是搞不好，气温太低就会冻伤。谁都希望能养出美到没朋友的多肉，不过所有美到极致的多肉都是游走在生死边缘，"虐"的多一点很可能会将它们推向死亡的深渊，如何掌握"虐肉"的尺度是我们的必修课。

冬季露养品种推荐

多肉中也有相对较耐寒的品种，在冬季气温不太低的地方，可以尝试露养。

1 冬美人：听名字就知道它比较耐寒了，在很多南方的老房子中能见到它们。

2 姬星美人：能够耐受0~5℃的低温，可在向阳背风处过冬。

3 芦荟：芦荟中的一些品种比较耐寒，还有被用来做街边绿化植物的。

冬季最低气温接近5℃时就可以将多肉搬入室内。

 多肉什么时候搬入室内

　　北方大部分地区应在霜降节气前，差不多是10月中旬，将多肉搬入室内养护。可以多关注天气预报，如果有寒流或霜冻来袭就需提早搬入室内了。看气温的话，最低温度接近5℃时就要搬入室内。

　　南方的朋友更要多多关注天气预报，不要以往年的气温来衡量今年的天气。如果气温不低于5℃，可以放在室外向阳且背风的地方，注意一定要背风。如果没有背风的地方可以放，还是搬到室内吧。

Q/A 上海的冬季可以露养多肉吗

　　上海冬季的气温应该可以露养，但是这需要密切关注天气变化。露养的多肉品种和植株要有所选择，比较幼小的植株是不适宜露养的。还有像虹之玉、劳尔、熊童子、达摩福娘等，比较容易冻伤，气温比较低时不宜露养。个体强健的老桩多肉适合露养，一些较为耐寒的品种也可以尝试露养，如薄雪万年草、姬星美人、胧月、冬美人等。

Q 武汉的冬季寒冷又没有暖气，要注意什么

A

像武汉，冬季没有暖气，气温又比沈阳、天津、北京等地高，大多数天气可以露养的地方，出现的问题反而更多。因为这里的最低气温有时候会在5℃到-5℃徘徊，搬入室内也基本没什么区别，万一气温骤降多肉就遭殃了。所以，武汉以及长江流域的肉友们可以给多肉搭一个简易的塑料棚子，当然越大越好，让多肉的生存环境能够比较稳定。如果温度突然降低，还可以给它们加盖"被子"保暖。"被子"可以是草苦，或者废旧的棉被。

此外还要注意通风的问题，白天天气晴朗的时候可以打开棚子，让多肉透透气，这样也能防止棚子内部温度、湿度过高。

小美女叶片深浅不同的红色色斑并不是冻伤。

Q 冻伤是什么样子

A

冬季叶子变透明的话，很可能是冻伤了。如果只是很少一部分叶片透明，可以移至气温稍微温暖的地方养护，不能立刻搬入暖气房，更不能立刻浇水，不然死得更快、更彻底。一些品种极不耐寒，像劳尔、婴儿手指、格林、虹之玉等，还是早一些移到室内养护为好。像姬星美人、薄雪万年草等虽然稍微耐寒，但是也不能掉以轻心。

劳尔这个品种极不耐寒，应提早做好保温措施。

旭鹤老桩轻微冻伤后依旧能恢复生长。

Q 多肉冻伤了还能恢复吗

A

这要看具体情况。相对来说，成株、老桩比较耐寒，轻微冻伤可以缓过来，而幼苗的话，一旦冻伤基本就没救了。一些老桩，比如红稚莲、冬美人、胧月等，即使冬季叶片冻伤了，冻化水了，来年春季气温回升也有可能再次萌生新芽，所以这样的多肉老桩冻伤的话也不要轻易放弃它们。全年露养的多肉比非露养的多肉更皮实耐冻，这样的多肉也有可能恢复过来。

懒人多肉一养就活

Q/A 冬季还能网购多肉吗

新手建议还是不要在冬季网购多肉了，冬季的低温不利于发根，缓盆期会比较漫长。北方有暖气的地方还好，没有暖气，气温又不高的地方，还是等春季再买吧。

还有一个重要的原因是，网购的多肉都是脱土的，保温措施不够好的话，路上非常容易冻死，当然这也要看你所在的地域和购买运输时的天气情况。通常到了冬季，多肉商家也非常关注天气，他们会发通知说最近哪里气温低，不发货，所以，想在冬季养多肉还是去当地的花市、大棚选购较好。

Q/A 多肉叶片落满灰尘，如何清理不会降低颜值

无论是室内养护还是露养都会有灰尘，只是多少的问题。满面灰尘的多肉即使品相很好，也降低了它的美感，所以清除灰尘是必做的功课。但是，为了提高颜值，在清理时也要注意不要损伤叶片和叶片上的霜粉。一般的多肉可在需要浇水时，用压力比较大的喷水壶对准叶片喷雾，以冲洗灰尘。多肉表面有明显霜粉的，需要用气吹清理，千万不要用手去擦，不然它会被你擦成"大花脸"。带茸毛的叶子非常难清理，可以用小刷子轻轻刷并用水冲洗。

具备了充足日照、低温等条件，就很容易将多肉养出果冻色。

Q/A 白天搬出晚上搬进的做法能让多肉变美吗

低温和温差是冬季多肉变美的重要因素，所以很多北方的肉友就会为了增加温差，多晒半个小时的太阳，就把多肉搬出去，晚上再搬进来。这样做无疑是让多肉经受残酷的"冰与火"的洗礼。北方冬季正午的室外气温大概是10℃，而夜间室内温度能达到25℃，温差比较大，但是这跟自然的气候完全颠倒了。从室内搬到室外，或者是从室外搬回室内，都是骤然产生的温差，多肉来不及适应这样的变化，叶片会发皱。

Q/A 怎么样才能养出果冻色

想要将多肉养出果冻色，一是需要充足的日照，但不能是强光暴晒，也就是要在阻隔部分光照的环境中养护。二是需要较大的温差和低温，这是多肉变色的主要原因，但低温要在合理的范围内。不要为了追求多肉植物的变色，而在冬季将多肉植物从室内突然移至室外，制造大温差，这样很容易让多肉植物冻伤。

Q A 冬季休眠的多肉要完全断水吗

冬季休眠其实是多肉对抗寒冷的一种"低温反应",虽然外表上看不出来,但其实休眠的时候植物并没有闲着,蒸腾作用还在继续,水分供给不能停。它们的根系需要一定的湿度,所以不能完全断水,否则根系就会干死。

如果冬季能够保持10℃左右的气温,大部分多肉是能够缓慢生长的。低温和控水能够"虐"出多肉美丽的颜色,但是也不能过度,所以冬季还是要少量给水的。

冬季多肉生长缓慢,
应减少浇水量。

Q A 北方冬季室内养护需要注意什么

冬季室内养护必须考虑到通风和日照。如果日照不足,即使控水再严格也还是会徒长的。北方的暖气房温度达到20℃是常有的事,如果空气不够流通的话,盆土长期湿润,也容易造成植株徒长。好的方法是,晴天中午开窗通风1小时。注意不要让寒风直吹你的多肉。如果室外温度低于0℃,那就不要开窗通风了。另外需要注意的是,不要把多肉放在暖气附近。暖气散热多,会把植物"烤死"的。

Q A 把多肉放在暖气旁是否能长得更快

在冬季低温中,一些多肉会生长缓慢或者休眠,所以,一些北方的肉友到了冬季总喜欢将多肉移到靠近暖气的地方,其实这样做,你的多肉虽然能够继续生长,但并不会生长得更好。暖气旁温度过高,对多肉生长不利。你的多肉叶片很可能会动不动就发皱变蔫,如果浇水比较勤快,又会徒长得变了模样。一般建议,冬季把多肉放在比较保暖、温度又不会特别高的地方是比较适宜的。

Part3

常见多肉养护指南

多肉不仅拥有超萌的外表，还具备顽强的生命力，
在干旱少雨的热带环境中都能生长。当它们被移入花盆、
放在阳台，被细心呵护的时候，反而会出现各种问题，
养不好就一命呜呼了。其实，多肉不适合"娇养"。
本章会介绍常见多肉品种的具体养护问题，
让你养出萌态十足的多肉。

56~217 页，页面下方的每次浇水
量图表中，红点代表 10 厘米见
方花盆 1 次的浇水量。此表仅作
为参考，应根据多肉植株的具体
生长情况增减浇水量。

景天科景天属

虹之玉

（景天科景天属）

多种方式繁殖

叶插

砍头

分株

原产于墨西哥，别名"耳坠草""圣诞快乐"，叶片倒长卵圆形，顶端淡红褐色，在阳光下由绿转红褐色。喜温暖和阳光充足的环境，稍耐寒，怕水湿，耐干旱和强光。春夏秋三季，生长速度快，老桩容易长气根。夏季叶片为绿色，秋冬日照充足可整株变红。夏季高温强光时，适当遮阴；常年露养的话，可以不用遮阴。遮阴应选择合适的遮阳网，遮阳网太厚容易导致茎叶柔嫩，易倒伏。如果放在能晒到上午的太阳而晒不到中午和下午太阳的地方就不需要遮阴。冬季室温维持在10℃最好，减少浇水，盆土保持稍干燥，只要阳光一直充足，虹之玉的颜色会越来越红，并且可保持一整个冬季。

每次浇水量（单位：毫升）

| 250 | 200 | 150 | 100 | 50 |

| 1月 | 2月 | 3月 | 4月 | 5月 | 6 |

网购回来的虹之玉掉了很多叶子，如何处理

虹之玉的叶柄连接处非常小，叶子又比较肥厚，所以在运输过程中很容易掉叶子。如果掉落的叶片健康、饱满，那么可以用来叶插，2周左右就会发芽，长出根系，你会收获更多的虹之玉。虹之玉叶插是非常容易的，也适合大量繁殖，在花盆中满满地铺一层虹之玉叶子，相信很快就能养出爆盆的虹之玉。

虹之玉越养越绿了，是怎么回事

如果是春末购买的，越来越绿是很正常的。如果是在秋冬或早春买的，越来越绿就是养护方法不对。原因可能有浇水过于频繁，或者每天阳光照射时间不足。可以试着减少浇水次数，增加日照来让虹之玉重新变回红色。

为什么虹之玉是猪肝色的

通常紫外线强烈的地方养出的虹之玉会呈现出猪肝色，色彩比较厚重，不过也有人可以将颜色养得更鲜活些。多肉植物的颜色除了和低温、温差有关，还跟空气湿度和紫外线强度有关，可试着从这两方面改善看看。

基础养护一点通

型种：春秋型种

光照：明亮光照

浇水：1周1次

耐受温度：5~35℃

常见病虫害：无

7月　　　8月　　　9月　　　10月　　　11月　　　12月

懒人多肉一养就活

乙女心

（景天科景天属）

多种方式繁殖

叶插

砍头

分株

叶子淡绿色，有细微白粉。但在秋冬季节的时候从叶尖乃至整个叶片都会呈现绮丽的粉红色，放置在温暖且温差大的环境中，颜色会更加鲜艳美丽。弱光则叶色浅绿或墨绿，叶片细长。花黄色，星形，簇生。喜欢疏松、排水良好的土壤，日照充足、干燥、通风的环境。春季乙女心开始迅速生长，不加强日照或者浇水太勤，会导致茎秆生长过快，叶片变得稀疏，所以春季需要控制浇水量，增加日照时长。夏季高温应注意通风、控水和遮阴，如果天气闷热需要借助电风扇或其他设备增强通风。露养的也要小心连续的阴雨天气。通常深秋是乙女心状态最美的时候，这时候要注意盆土应经常处于干燥状态，切忌频繁小水浇灌。乙女心缺乏光照时，叶片会下垂，而且叶心会非常难看。如果营养和光照供应不足，也会出现叶子生长短小的情况。所以，乙女心最好能够接受长日照，而且营养供应要充足。

每次浇水量（单位：毫升）

| | 250 | 200 | 150 | 100 | 50 |

1月　　2月　　3月　　4月　　5月　　6

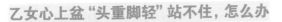

乙女心上盆"头重脚轻"站不住，怎么办

一般刚购买的多肉都是成株的小单头，比较容易上盆，如果你买了一个"头部"重，秆子长的小老桩，那么，你就会发现它很难站稳，总是东倒西歪。怎么办呢？你可以把底部的茎秆多埋入土中一些，再在表面铺一层颗粒土，这样比较稳固一些。如果还不行，那就要用"支架"了。在植株附近选取 3 个点形成三角形，插入木棒，利用木棒支撑并捆绑乙女心，等根系抓稳了土壤就可以将支架撤掉了。

乙女心叶心变畸形了，是虫害吗

乙女心在冬季可能因为日照不足，以及长期不换土造成营养缺乏，新生叶片比较短小纤细，形成底部叶片大，中心叶片小的状态，看似畸形或者像是虫害的表现。这种情况可通过增加日照和施肥来避免。

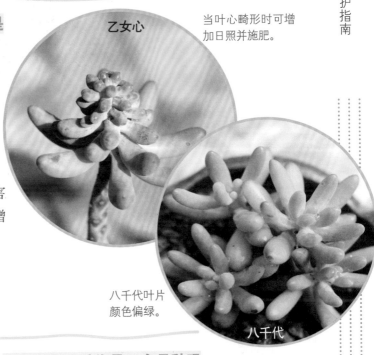

乙女心

当叶心畸形时可增加日照并施肥。

八千代叶片颜色偏绿。

八千代

基础养护一点通

型种：	春秋型种
光照：	明亮光照
浇水：	2 周 1 次
耐受温度：	5~35℃
常见病虫害：	黑腐

乙女心和八千代是一个品种吗

乙女心和八千代是非常相似的两个品种，新人常常会将乙女心与八千代混淆，甚至一些商家根本也分不清两者，都是把乙女心当八千代来卖。乙女心叶片肥厚，温差大时叶顶端一部分会变红，茎秆上的叶痕明显；八千代叶片相对细长，叶片是嫩绿色，变色的范围很小，茎秆光滑。

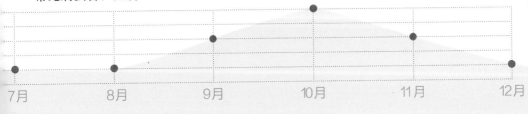

7月	8月	9月	10月	11月	12月

光照充足能使黄丽叶片呈奶油黄色。

黄丽

（景天科景天属）

多种方式繁殖

叶插

砍头

分株

肉质叶排列紧密，呈莲座状，叶片颜色为黄绿色或金黄色偏红。长期生长于不见光处叶片呈绿色，光照充足的情况下，叶片边缘会泛红。花单瓣，浅黄色，较少开花。充足的阳光会使其叶片边缘变成漂亮的奶油黄色。光线不足虽然也能生长，但颜色会变绿，茎秆较细。春秋季是生长季节，盆土差不多全部干透的时候浇透水。夏季高温要保持盆土稍干，放在通风透光处养护，忌阳光暴晒。黄丽对土壤要求不高，河沙加园土的配土也能很好地生长。黄丽生长迅速，就算是阳光充足、控水合理的时候叶片也会稍有稀松，这是品种的特性，并非徒长。黄丽的繁殖可以用叶插、砍头、分株，砍头繁殖的速度比较快，当然叶插的过程也是充满乐趣的。

每次浇水量（单位：毫升）

250
200
150
100
50

1月　　2月　　3月　　4月　　5月　　6

如果要将黄丽砍头，什么季节合适

黄丽砍头后比较容易生根，如果没有出现化水、黑腐等病害，想要砍头随时都可以。新手如果没有把握的话最好是在春季或者秋季砍头。剪取顶端枝干，长 5~7 厘米，稍晾干后插入稍微湿润的土壤中。新手切忌常常拔出来查看长根了没有。多肉是很坚强的，只要管住自己的手，不要频繁碰它，不频繁浇水，养活不成问题。

若黄丽徒长则可采取砍头繁殖。

黄丽茎秆变成了红褐色，怎么办

长期在光照充足环境下养护的黄丽，生长出的茎秆会慢慢变成红褐色，这不是病害，更不是黑腐，而是茎秆老化的表现。通常不需要特别处理，只是浇水量要稍微减少一些，注意观察茎秆是否变软，如果变软就可能是水多造成的腐烂，应及时掰去叶子、砍头，保留健康的部分再繁殖。

基础养护一点通

型种：	春秋型种
光照：	明亮光照
浇水：	2 周 1 次
耐受温度：	5~35℃
常见病虫害：	无

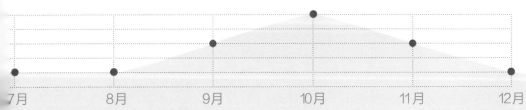

懒人多肉一养就活

日照不足或频繁浇水
会使千佛手徒长。

千佛手

（景天科景天属）

多种方式繁殖

分株　砍头

叶插

基础养护一点通

型种：春秋型种

光照：明亮光照

浇水：2周1次

耐受温度：5~35℃

常见病虫害：无

千佛手的叶片纺锤形，青绿色，紧密排列成莲花形。喜阳光充足、温暖干燥的环境，也耐半阴，长时间光照不足会造成徒长。对水分需求不多，底部叶片发皱后再浇水即可，根系比较发达，可选用较深的花器栽种。透水透气的沙质土壤栽培有利于植株生长。一般夏季叶片为绿色，日照充足的秋冬季节，叶尖会慢慢转变为粉红色，新生的小芽是嫩黄色，非常可爱。春秋季是主要生长季，浇水应见干见湿，有条件的话最好露养。夏季阳光强烈时需要遮阴，避免将叶片晒伤。冬季阳光充足，加上适当控水，就能使叶片转变为粉嫩的颜色。一年四季阳光充足的养护环境下，可令茎秆粗壮、直立，如果日照不足或者浇水频繁，茎秆会下垂，不能直立。养护时间长的植株叶片层层叠叠，数量惊人。繁殖能力非常强悍，叶插出芽率接近百分之百，而且在掰掉叶片的地方容易长出侧芽，侧芽长大后可以分株繁殖。千佛手会在春夏季开花，聚伞花序，花星状，黄色，但不一定每年都开。

每次浇水量（单位：毫升）

	250	200	150	100	50

1月　2月　3月　4月　5月　6月　7月　8月　9月　10月　11月　12月

树冰

（景天科景天属

×

拟石莲花属）

多种方式繁殖

分株　　砍头

叶插

基础养护一点通

型种： 春秋型种

光照： 明亮光照

浇水： 2 周 1 次

耐受温度： 5~35℃

常见病虫害： 玄灰蝶幼虫

树冰属于小型的垂吊型景天，叶片基部宽、先端窄，有叶尖，大部分时间都是绿色，只在深秋或冬季能有一些粉色显现出来。树冰的习性非常好，喜欢日照，阳光充足环境下养护的树冰叶形比较肥厚，日照不足叶片较为扁平。除了炎炎夏日里需要遮阴，其他季节可以接受全天的日照。树冰耐旱，喜欢凉爽、干燥的环境，土壤只要疏松、透气，排水良好即可。南方地区可选择腐殖土与颗粒土 3:7 的混合土壤栽种。春秋浇水都应见干见湿，夏季减少浇水量，干透再浇水，冬季浇水频率和水量都应相应减少。适宜树冰生长的温度为 18~25℃，冬季低于 5℃应采取保温措施。需要注意的是初春和初秋需要喷洒护花神预防虫害。多年生的树冰匍匐生长，也可做成垂吊造型。叶插非常容易成活，砍头繁殖生长速度更快。

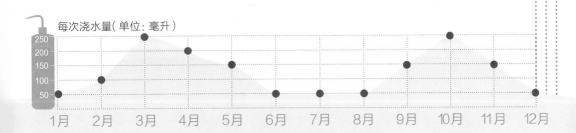

每次浇水量（单位：毫升）

	250	200	150	100	50

1月　2月　3月　4月　5月　6月　7月　8月　9月　10月　11月　12月

劳尔

（景天科景天属）

多种方式繁殖

叶插

砍头

分株

劳尔在阳光下能散发出淡淡的香味，是非常受欢迎的品种。叶片肥厚，黄绿色，有白霜。冬季阳光充足时，叶片会变成果冻黄色，顶部粉红色，控水严格会整株变成粉红色，叶片质感通透，色泽柔和，非常可爱。劳尔容易群生，爆侧芽的能力特别强，多年生植株会木质化。喜欢温暖、干燥和阳光充足的环境，耐旱，耐半阴，非常不耐寒，冬季要特别注意防冻，最好在最低气温接近5℃时就移至室内养护。春秋特别容易徒长，要尽量接受长日照，并控制浇水频率。劳尔浇水稍多些，茎秆就会迅速拔高，叶片稀松，株形不够紧凑，所以，掌握合适的浇水频率是控形的基础。尤其在夏季，即便控制浇水还可能会徒长，这种情况就需要加强通风，如果通风条件不易实现，可以选用口径大而且比较浅的花盆，这样能加速水分蒸发，让土壤迅速干燥。叶插、砍头、分株繁殖都非常容易。

每次浇水量（单位：毫升）

| 250 |
| 200 |
| 150 |
| 100 |
| 50 |

1月　　2月　　3月　　4月　　5月　　6

新买来的劳尔，叶片上有蓝色痕迹，是什么

这蓝色的痕迹应该是商家喷洒药剂干燥后留下的，不是病害。多用水冲洗几次或者用小刷子稍微刷一下就好了。

劳尔有一片叶子化水了，会不会死啊

首先检查化水叶片周围的叶片，是否一碰就掉，是的话估计很难救回来。如果其他叶片没问题，就还有救。摘掉化水的叶片，把植株放在通风、凉爽的环境中，两周内不要浇水，到时候视多肉恢复情况，决定是否恢复正常养护。

劳尔未服盆的状态。

劳尔种上很久了还没服盆，怎么办

如果劳尔种上后太久没服盆，很可能是严重缺水了。可以尝试浸盆一次，观察几天，看有无改善。如果还是没变化，建议取出植物重新修根上盆。

都说劳尔有香味，我的为什么没有

劳尔的香味非常淡，要多晒太阳才容易闻到。缺光徒长的劳尔是很难闻到味道的。有人说劳尔开花的时候香气会比较大，也可以等到开花时再闻闻。

基础养护一点通

型种： 春秋型种

光照： 明亮光照

浇水： 2 周 1 次

耐受温度： 5~35℃

常见病虫害： 黑腐

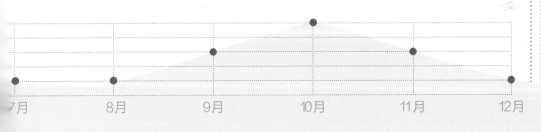

| 7月 | 8月 | 9月 | 10月 | 11月 | 12月 |

懒人多肉一养就活

塔洛克

（景天科景天属）

多种方式繁殖

叶插

砍头

分株

全名"乔伊斯·塔洛克"，现在都简称为塔洛克。是比较小型的多肉品种，单头直径在5厘米以内，叶片基部窄，先端宽，有蜡质光泽，夏季为绿色，冬季叶缘和叶背会变亮红色，非常耀眼。塔洛克非常强健，可以露养的话纯露养也能活得很好。塔洛克生长速度快，容易群生也容易长出茎秆，控水比较严格的话，茎秆能够直立生长，反之则会匍匐或垂吊生长。春秋季的管理可以粗放一些，看叶片消耗程度给水，浇水太勤容易导致茎秆徒长。度夏基本不会有太大的难度，只要注意遮阴、控水即可，对高温不是特别敏感。冬季能够耐受5℃左右的低温，长江流域及其以北地区冬季最好还是搬入室内养护，因为天气变化总是无常的，说不准什么时候突然降温，就会造成非常严重的冻伤。花期一般为4~5月，开白色花。繁殖可以用叶片叶插，也可以砍头或分株繁殖。

每次浇水量（单位：毫升）

	1月	2月	3月	4月	5月
250					
200					
150					
100					
50					

塔洛克的新叶好像被虫咬了，是不是有介壳虫

能够将叶片咬伤的，应该是能轻易找到的毛毛虫、蜗牛之类，介壳虫通常不会给多肉植株造成明显的咬痕。仔细翻看叶片背部和带有咬痕的叶片，你一定能找到罪魁祸首。如果没找到也不要紧，可以喷护花神进行扑杀。

散乱的塔洛克换盆要怎么办啊

这盆塔洛克垂吊的枝条比较多，而且如果挖出来肯定头重脚轻，栽种比较麻烦。建议先修剪枝条再换盆。可以将枝条从底部剪断，只保留头部向上生长的一小截，重新栽种。

如果想要保留垂吊型的枝干，可以直接挖出来，然后用颗粒土种在一个比较高的花盆中，茎秆弯曲的部位还是搭在花盆边缘，并在根部压上重物，否则植株很容易自己掉出来。使用颗粒土是因为它能更好地压住根系，并且这样的土也适合枝干逐渐木质化的植株。

基础养护一点通

型种：春秋型种

光照：明亮光照

浇水：2 周 1 次

耐受温度：5~35℃

常见病虫害：无

如何维持塔洛克的株形

塔洛克的茎秆非常容易长长，控制株形有一点困难。最好是春秋能够全日照，土壤配有大比例的颗粒土，然后严格控水，不干透不浇水。其中尤为重要的是阳光，经过长时间的阳光照射，塔洛克的茎秆才会更粗壮，叶片才能比较紧密。

| 7月 | 8月 | 9月 | 10月 | 11月 | 12月 |

黄金万年草

（景天科景天属）

多种方式繁殖

分株

和常见的多肉植物不同，黄金万年草的茎叶小而薄，容易群生，就像肆意生长的野草。一般状态是绿色的，阳光充足的养护条件可令其转变为金黄色，无论是单独栽种，还是与其他多肉植物一起栽种都是非常漂亮的。黄金万年草就像它的名字一样，非常容易活，无论是水大了还是日照强烈，它都不会轻易死亡，是"植物杀手"的福音，可以给你带来非常大的成就感。它的适应性非常强，纯黄沙能活，纯园土也能活，随便丢在什么土壤上都能迅速长成一片，尤其在淋雨后，更是生机勃勃。养护它的要点就是多晒，只要光照充足，浇水多点（前提是不积水）也没问题。如果光照不足也不会死亡，只是茎秆会细弱无比，东倒西歪，不够美观。阳光充足的环境下养护，会长得郁郁葱葱、密密麻麻，好像一块刚刚修剪过的草坪。黄金万年草的繁殖能力和爆盆能力是非常强的，用手掐一段茎叶放在土壤上即可成活，前期要勤喷雾，大水淋会将植株冲走，等根系长出来，稳稳扎根后才可大水浇灌。

每次浇水量（单位：毫升）

250 200 150 100 50

1月　　2月　　3月　　4月　　5月　　6

黄金万年草可以放在办公桌上养吗

虽然黄金万年草非常强健，能够适应各种环境，但是办公桌通常是整日不见阳光的地方，在这里养黄金万年草即使不死也不会好看的。很可能长得像一片乱糟糟的水草，没有美感。所以最好还是不要在办公桌上养，顶多可以在办公室放两三天，然后再拿到阳光充足的地方养护。

基础养护一点通

型种：春秋型种

光照：明亮光照

浇水：1 周 2 次

耐受温度：5~35℃

常见病虫害：黑腐

没有砍头，为什么黄金万年草的顶部不见了

这应该是被什么虫子吃了。黄金万年草比较密集时，不容易发现虫害，如果发现好好的黄金万年草"头部"不见了，那么就要仔细查看植株中是否有蜗牛、毛毛虫等。清理后最好连喷 3 次护花神，以防反复。

黄金万年草为什么长得这么稀松

这一盆里面的植株状态不一致，有的长得慢，有的略有徒长，可能是底部的茎叶出了问题，应翻开检查一下。想要比较密集又平整的黄金万年草，可以将其重新修剪一番，剪下来的部分可以丢到别的花盆里养，只要光照充足，很快它们自己就会长得比较平整密集了。

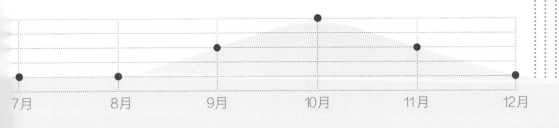

7月　　8月　　9月　　10月　　11月　　12月

姬星美人几乎全年都是蓝绿色。

姬星美人

（景天科景天属）

多种方式繁殖

分株

姬星美人和黄金万年草都是迷你型多肉品种，非常适合做护盆草，而且容易养活，易爆盆。姬星美人全年几乎都是蓝绿色的，秋冬阳光充足的环境下偶尔会呈现出一点点蓝紫色。喜欢温暖、干燥和阳光充足的环境，相对比较喜水，也比较耐寒。疏松、肥沃、排水良好的土壤最适合养它们。浇水也要注意保持盆土适度干燥。将姬星美人和其他品种混种时，可以通过观察它们的叶子是否发皱来判断土壤的干燥程度。姬星美人浇水勤很容易爆盆，但是叶片会比较稀松，所以，想要紧凑密集的话还是要适当控制浇水量。多晒太阳也是保持好状态的秘诀。另外，姬星美人等护盆草多匍匐生长，茎秆会生出新根，扎入土壤，所以，护盆草一类的多肉最好不要用颗粒土铺面，以免影响根系入土。姬星美人的茎比较细，垂在盆边的部分容易断掉，这些都可以放入新的花盆中进行繁殖。姬星美人的繁殖能力和黄金万年草一样强。

每次浇水量（单位：毫升）

| | 250 | 200 | 150 | 100 | 50 | | |
| 1月 | 2月 | 3月 | 4月 | 5月 | 6 |

姬星美人和大姬星美人是一种吗

这两个不是一个品种，稍微有些区别。大姬星美人的叶片比较光滑，而姬星美人的叶片有少许茸毛，大姬星美人的个头比姬星美人的大一点，有火柴头那么大。另外，秋冬季节大姬星美人容易变成蓝紫色，而姬星美人一般不会变色。

姬星美人

如何区分姬星美人和旋叶姬星美人

这两个品种的区别还是很大的，旋叶姬星美人的叶片比较细长，姬星美人的叶片是圆滚滚的。而且旋叶姬星美人叶子螺旋排列非常有几何感，这与姬星美人两两对生的叶片形态有很大的差别。

旋叶姬星美人个头明显比姬星美人大。

旋叶姬星美人

基础养护一点通

型种：春秋型种

光照：明亮光照

浇水：1周1次

耐受温度：5~35℃

常见病虫害：无

姬星美人开花是什么样的

姬星美人开花一般在春季，会从顶部长出花箭，花箭不长，每个上面会开两三朵白色小花。整盆的姬星美人开花，花朵星星点点的，就像天空中的星星一样。花开后，花箭自然枯萎，在最顶端的叶片旁会生出新的"小头"来。

7月　　　8月　　　9月　　　10月　　　11月　　　12月

懒人多肉一养就活

薄雪万年草喜水，
可适当多浇水。

薄雪万年草

（景天科景天属）

多种方式繁殖

分株

基础养护一点通

型种：**春秋型种**

光照：**明亮光照**

浇水：**1周2次**

耐受温度：**5~35℃**

常见病虫害：**无**

非常迷你的多年生草本多肉植物，常常同"姬星美人""黄金万年草"等一起被称为护盆草。茎部常匍匐生长，接触地面后长出须根，根系浅，但很茂密。叶呈棒状，密集排列，外表有白色的蜡粉。生长季为绿色，日照充足的寒凉季节整株会转变为粉红色。叶片密集生在茎部顶端，下部的叶片容易脱落。喜欢日照充足、凉爽、干燥的环境，怕热，稍耐寒，耐半阴，不过长期半阴养护后叶片会比较稀松，茎秆纤细。春秋季可以露养，接受全日照，淋些雨后会疯狂的生长，算是多肉中比较喜水的品种。配土的透水性良好时，浇水可以勤一些，只要不积水，有足够的日照和良好的通风环境，它们依然能很好地生长。夏季最怕高温和潮湿，浇水最好选择比较凉爽的天气。冬季低温放置于室内光照充足处，控水，保持土壤干燥即可。薄雪万年草生长迅速，生长过密时可以进行修剪，同时可以把修剪下来的部分放置于别的花盆，不久就能收获另一盆薄雪万年草了。

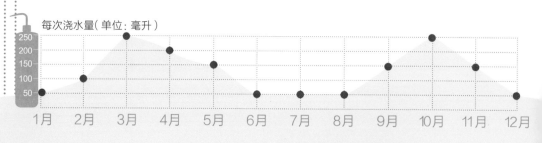

每次浇水量（单位：毫升）

250 200 150 100 50

1月 2月 3月 4月 5月 6月 7月 8月 9月 10月 11月 12月

玉缀

（景天科景天属）

多种方式繁殖

砍头　分株

叶插

基础养护一点通

型种：春秋型种

光照：明亮光照

浇水：1 周 1 次

耐受温度：5~35℃

常见病虫害：无

　　玉缀是景天科景天属的小型多肉植物。叶片小巧密集，纺锤形，翠绿色，茎秆较短的可以直立生长，较长的话会形成垂吊造型。生长季为绿色，寒凉的季节增加日照时长、适当控水，可以使叶片先端变嫩黄色。喜欢日照充足、凉爽、干燥的环境，配土可选择疏松透气，有一定保水作用的沙质土壤。春秋季节生长速度比较快，注意给予较长时间的日照，日照越充足，叶片颜色越漂亮。夏季气温最高值连续几天高于 30℃开始遮阴，遮阴要适当，过度遮阴会导致茎秆徒长。夏季浇水应注意控制水量，天气炎热时不能浇水，一般选择傍晚和晚上气温比较低的时段浇水。华北地区的朋友，冬季在霜降节气前后应注意采取保暖措施。玉缀叶片容易被碰掉，养护过程中应尽量少触碰它。掉落的叶子可以用来叶插，成活率比较高。另外还可以剪取顶端一段枝条来扦插，成活率更高。

每次浇水量（单位：毫升）

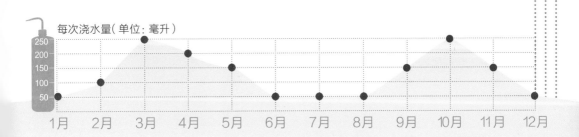

	250	200	150	100	50

1月　2月　3月　4月　5月　6月　7月　8月　9月　10月　11月　12月

新玉缀

（景天科景天属）

多种方式繁殖

叶插

砍头

分株

新玉缀叶片短小肥厚，每个叶片长度大概有 1.5 厘米，叶片表面有一层薄薄的白霜，叶片围绕茎秆呈螺旋形成长，株形紧凑，就像一串绿色的小葡萄，很可爱。喜欢温暖、干燥、阳光充足的环境，适宜生长的温度为 10~32℃，需水量稍多，浇水应见干见湿，气温低于 5℃或高于 33℃时生长缓慢，应减少浇水量，夏季注意通风，冬季注意保温。夏季 10:00-17:00 需要遮阴，避开阳光强烈的时段。冬季温差大，叶片会染上一层嫩黄色，略带粉色，此时需要保持长时间日照和夜间较低的温度。新玉缀不需要经常施肥，过多施肥而光照不足容易徒长，还可能会致使根系灼伤。新玉缀的叶片容易掉，网购时应做好心理准备，不过掉落的叶片可用来叶插，成活率非常高。除了叶插外，还可以剪取一段新玉缀的枝条扦插，出根迅速，生长快，一年多的植株就可以垂吊生长。

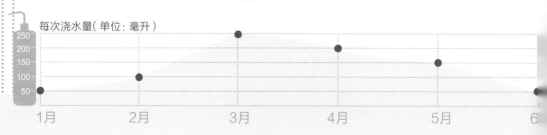

每次浇水量（单位：毫升）

	1月	2月	3月	4月	5月	6
250						
200						
150						
100						
50						

同一个花盆中的一株新玉缀化水了，其他的会不会也跟着化水

同一个花盆中某一株多肉化水，并不一定其余的也会化水，要看看化水的原因是什么。如果是因为浇水多了，土壤一直比较湿润，可能别的也会跟着化水。如果是化水的那一株本身根系出现了问题，那么其他的就不会化水。建议大家发现这种情况时，不要立即动手清理死亡植株的根系，因为那样会损伤到其余植株的根系，有了伤口的根系更容易被细菌和病害侵袭。所以，这时候最好把土壤以上的死亡植株清理掉，然后放置在通风阴凉处养护。

基础养护一点通

型种：春秋型种

光照：明亮光照

浇水：2 周 1 次

耐受温度：5~35℃

常见病虫害：虫害

如何区分新玉缀、玉缀和千佛手

区分前两者和后者非常容易，前两者个头小，单头直径约 1.5 厘米，后者个头大，成株直径大概有 8 厘米。下面来看看它们各自的特点吧！

玉缀：叶形细长，稍有弯曲，叶先端较尖，整体感觉是纤细的。

新玉缀：叶片短而粗，叶先端比较圆润，感觉比较饱满。

千佛手：叶片细长，叶先端较尖，叶片排列密集，植株冠幅约 8 厘米，比前两者大很多。

千佛手

玉缀

懒人多肉一养就活

红宝石

（景天科景天属

×

拟石莲花属）

多种方式繁殖

叶插

砍头

分株

红宝石是非常受追捧的品种，现在几乎人人必备。中小型品种，容易群生，生长速度较快。叶片长卵形，叶尖不突出，表面具蜡质光泽，无白霜。夏季叶片为翠绿色，其他季节如果光照充足，基本都可以变红，甚至整株变红。习性强健，对水分不太敏感，浇水量多一些少一些不影响成活。是比较容易度夏的品种，超过35℃适当遮阴，加强通风就可以。春夏秋三季浇水可见干见湿，冬季稍减少水量，还是"宁干勿湿"。红宝石比较容易养出状态，见干见湿的浇水和充足的日照就能养出红亮亮的颜色。夏季变绿是不可避免的，不能过度控水，等到秋季自然会美回来的。红宝石容易从基部长出小芽，小芽周围的叶片会渐渐发皱、枯萎，这是比较正常的现象。繁殖方式非常多，叶插、砍头、分株都可以，叶插比较容易，但是叶片非常脆嫩，摘叶子比较困难，最好在换盆时进行。砍头和分株繁殖速度更快一些。

每次浇水量（单位：毫升）

	1月	2月	3月	4月	5月	6
250						
200						
150						
100						
50						

为什么红宝石的颜色总是很暗沉

很多人都能将红宝石养出深红色，即"猪肝色"，虽然上色了，但这种颜色太深、太暗沉，不通透，没有水灵的感觉。想要颜色是鲜亮的红色，需要避免强烈的日光直射，要适当降低日照强度。可以隔着玻璃晒，也可以加盖一层透明薄膜。

红宝石茎秆干瘪了，怎么办

这很可能是由于土壤板结、夏季干旱暴晒造成的，一般这种情况的茎秆已经没有能力为植株输送营养了，需要剪去干瘪萎缩的茎秆重新发根。

根茎干瘪的红宝石需要砍头后重新发根。

基础养护一点通

型种：春秋型种

光照：明亮光照

浇水：2 周 1 次

耐受温度：5~35℃

常见病虫害：黑腐

刚买的红宝石，纠结要用多大的盆来养

一般单头红宝石能长到 10 厘米左右，但是红宝石非常容易群生，一年左右就会从底部萌发出一圈小芽，所以如果喜欢群生、爆盆的肉友，可以用 15~20 厘米直径的盆栽种，它会生长得更快，更容易爆盆。如果喜欢控形，不想让它长太大，还是选择 10 厘米以下口径的花盆吧。

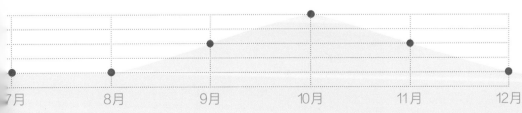

懒人多肉一养就活

小球玫瑰

（景天科景天属）

多种方式繁殖

砍头　分株

基础养护一点通

型种： 冬型种

光照： 明亮光照

浇水： 2 周 1 次

耐受温度： 0~35℃

常见病虫害： 无

小球玫瑰也叫"龙血景天"，外形纤巧，植株低矮，茎细长，较易生新枝，形成群生，叶近似圆形，互生或对生，叶缘波浪状常红，叶片颜色随气温而改变，秋冬季节，整株呈现出紫红色。花期在夏末，由数十朵粉红色五星状小花组成，成簇开放。喜温暖干燥和阳光充足的环境，耐旱、耐贫瘠、耐寒，适应性较强，休眠不明显，可露天栽培。但是夏季应注意环境不要过于闷热潮湿，否则易使其根系烂死，大量掉叶。如果光照不足，会引起徒长，颜色变绿。充分的光照及合适的温差会使小球玫瑰变为血红色，株形也会保持得很漂亮。配土尽量疏松透气，可用泥炭土与颗粒土 3:2 的比例配制，浇水见干见湿，适量的少浇水可以让小球玫瑰更像玫瑰。一般选用砍头、分株的方式繁殖。小球玫瑰随着生长，基部叶片会有脱落，可对此类枝条进行修剪，促进其再度分枝生长，剪下的枝条插入沙土中非常易成活，繁殖的季节尽量避开寒冬酷暑。

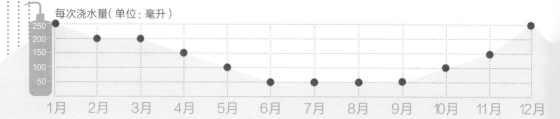

每次浇水量（单位：毫升）

250											
200											
150											
100											
50											

1月　2月　3月　4月　5月　6月　7月　8月　9月　10月　11月　12月

信东尼

（景天科景天属）

多种方式繁殖

砍头　　分株

播种

基础养护一点通

型种：春秋型种

光照：明亮光照

浇水：2周1次

耐受温度：5~35℃

常见病虫害：无

又叫"毛叶兰景天"，为景天科多肉中的小型品种。叶片被白色茸毛覆盖，无叶尖，常年绿色。信东尼喜全日照，耐干旱，高温多湿环境下抵抗力变弱，怕强光暴晒。喜欢凉爽的气候，所以在春秋季节可以迅速生长，而且浇水要见干见湿。土壤应选择透水性和透气性高的沙质土壤，浇水后能迅速干燥，长时间不松土也不容易板结。信东尼非常怕热，温度超过35℃则进入深度休眠，夏季对它来说是比较难熬的。所以，夏季需要及时遮阴，并严格控水，室内养护要特别注意通风问题，必要时可以用小型电风扇24小时吹风。露养环境最好搭建遮雨棚，避免淋雨。最适宜的度夏环境是通风、凉爽、干燥。冬季低于5℃浅休眠，也要减少浇水，并注意采取保暖措施。叶插难度较大，播种繁殖时间比较长，经常用砍头、分株的方法繁殖，砍头后的植株会长出多头来，毛茸茸的一片，非常可爱。

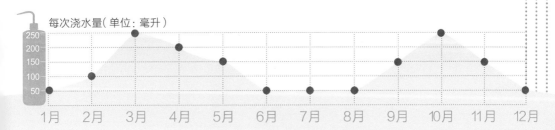

每次浇水量（单位：毫升）

| | 1月 | 2月 | 3月 | 4月 | 5月 | 6月 | 7月 | 8月 | 9月 | 10月 | 11月 | 12月 |

蒂亚

（景天科景天属
×
拟石莲花属）

多种方式繁殖

叶插

砍头

分株

别名"绿焰"，喜欢阳光充足、干燥通风的环境，是非常好养的品种。生长季叶片为绿色，秋冬寒凉季节露养会呈现叶缘火红、叶基翠绿的形态，这也许是"绿焰"名字的由来吧。蒂亚生长速度快，易群生。花期在春季，花白色、钟形，多个花箭一起开放，十分清新雅致。蒂亚非常强健，室内养护需要充足日照，并配以沙质土壤，增加通风。蒂亚对水分不敏感，浇水多少都不影响成活，但浇水多非常容易形成"穿裙子"的形态。养活蒂亚很容易，但想要养出火红的"绿焰"还是需要下一番功夫的。每天日照时长保持在 5 小时左右，浇水可在底部叶片明显发皱后进行。室内养护，秋季要开窗，增大温差；冬季也可适当开窗，但不要开正对着多肉的窗户。如果早晚温差达不到10~15℃，是很难养出好状态的。蒂亚的繁殖能力也非常强，叶插、砍头、分株都可以，并且成活率也是出奇的高，是非常适合新人养的一个品种。

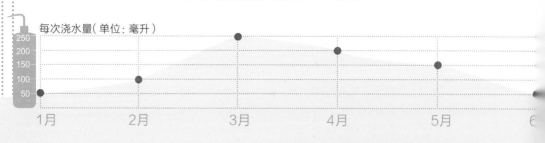

每次浇水量（单位：毫升）

	250				●		
	200					●	
	150						●
	100		●				
	50	●					

1月　　2月　　3月　　4月　　5月　　6

蒂亚种上一周了，能拿出去晒太阳了吗

右图中蒂亚新叶翠绿，有了生长迹象，部分植株还略有徒长，并且大都生了气根，说明生长良好，可以搬出去晒太阳了。不过应注意逐渐增加日照，切不可一拿出去就晒半天，否则容易晒伤。可以先放在室外阴凉处，然后过1天增加1小时的日照，逐渐接受全日照。若是夏季则不能直晒，冬季还是在室内养护比较好。另外，图中有几棵的叶片有些干瘪，是缺水的表现，应大水浇灌一次。

蒂亚可以水培吗

多肉植物一般是土培，不建议水培。有些人为了能够安全度夏，会选择将植株挖出来，清理根系后进行水培，这样黑腐和化水的概率比较小。水培蒂亚能够很快长出根系，但是根系的功能比较弱，只能短时间维持生命，即使在水中添加营养液，也不容易长期存活。所以，短时间内水培蒂亚，然后再转为土培是没有问题的。

蒂亚可以和白牡丹种在一个盆中吗

蒂亚和白牡丹都属于景天科的杂交品种，而且都是出自于拟石莲花属，所以习性非常相近，能够栽种在一起。蒂亚和其他拟石莲花属的多肉植物习性都非常近似，可以拼在一个花盆中栽种，比如初恋、大和锦、黑王子等。

蒂亚

白牡丹

白牡丹习性与蒂亚相似，可同盆栽种。

基础养护一点通

型种： 春秋型种

光照： 明亮光照

浇水： 2周1次

耐受温度： 5~35℃

常见病虫害： 无

POINT 窗心多肉养护指南

7月　　8月　　9月　　10月　　11月　　12月

秋冬季节控水，增加日照时长可将马库斯养成橙黄色。

马库斯

（景天科景天属 × 拟石莲花属）

多种方式繁殖

叶插

砍头

分株

马库斯是景天属与拟石莲花属的杂交品种。马库斯习性强健，喜欢干燥通风的环境，比较耐旱，浇水太勤会让茎秆徒长，株形不够紧凑，有失美观。马库斯的养护非常简单，几乎不用特别照顾就能生长得很好。生长速度较快，易群生，非常容易长枝干，多年生的植株可能非常杂乱，需要适当修剪。生长期叶片为绿色，秋冬季节控制好浇水频率，增加日照时长，叶片边缘会呈现橙黄色，甚至整个叶片会变成半透明的橙色。马库斯是比较容易上色的，在深秋、冬季、初春，无论是否露养都能养出状态，而且天气好时状态能持续较长时间。需要提醒新人的是，不要频繁地换土、换盆，这会让它始终处于恢复期，很难有理想的状态。马库斯易掉叶，养护时注意尽量不要碰掉叶片。碰掉了也没关系，可以用来叶插。叶插、砍头、分株的成活率都非常高，适合新人练手。

每次浇水量（单位：毫升）

	1月	2月	3月	4月	5月
250					
200					
150					
100					
50					

马库斯控水之后还是"穿裙子",该怎么办

通常马库斯在春秋生长旺盛时,会容易"穿裙子",如果控水还不能够缓解这种情况的话,就说明它接受的阳光照射时间还不够长。除了为它找一个光照充足的位置之外,还可以考虑更换颗粒比例大的配土,或者完全使用颗粒土。这样土壤能够快速干透,根系不会吸收过多的水分,"穿裙子"现象就会消失。当然已经下垂的叶片是很难恢复向上生长的,只能等底部的老叶自行代谢后,植株的整体形态才会恢复正常。

马库斯叶片长黑斑了,是什么情况

右图情况就是黑斑病,黑斑零星分布在叶片上,病害严重的叶片已经枯萎。通常黑斑病是先从叶片开始出现黑点或圆形黑斑,继而会感染到其他部位,严重的可能导致整株死亡。黑斑病属于真菌的感染,具有非常强的传染性,所以一旦发现这种情况,要立刻跟其他的多肉隔开,喷洒多菌灵、百菌清等杀菌剂。图上这种情况还算发现比较及时的,越早用药越容易治好。更为重要的是,应想办法改善自己的养护环境,干燥、通风才是对抗病害的撒手锏。

基础养护一点通

型种:春秋型种

光照:明亮光照

浇水:1 周 1 次

耐受温度:5~35℃

常见病虫害:黑斑病

7月　　8月　　9月　　10月　　11月　　12月

景天科风车草属

姬胧月

（景天科风车草属）

多种方式繁殖

叶插

砍头

分株

姬胧月是新手入门的绝佳选择，是强劲好养的小型品种。对环境要求极低，养养就会爆盆，新手养多肉可以选择这一种。喜阳光充足、温暖干燥的环境，只要日照充足，叶片基本上是朱红色。阳光充足会呈现深红色，遮阴两天即变绿，缺乏光照或者是生长速度快时叶片会变成灰褐色或绿色。姬胧月习性强健，比较耐旱，浇水太勤会让茎秆徒长，忌盆土积水，应选择透水透气的土壤。长江流域及以北地区，春夏秋三季可完全露养，冬季低于5℃需要搬入室内养护。姬胧月是几乎能够全年生长的品种，生长速度较快，能形成垂吊造型。繁殖也非常容易，一年四季都可以进行叶插、砍头或分株，成活率都非常高。叶片容易摘取，而且出芽率非常高，叶插苗生长速度比较快。

每次浇水量（单位：毫升）

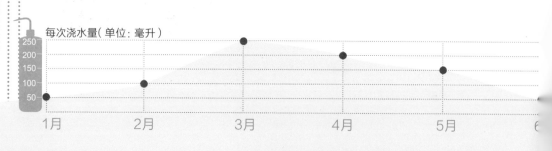

| | 1月 | 2月 | 3月 | 4月 | 5月 | 6 |

姬胧月长了很长的茎秆，换盆怎么上盆呢

姬胧月的茎秆不能直立生长，一般可匍匐生长或垂吊生长。新人对于栽种这些弯弯扭扭的茎秆非常头疼。其实这很简单，找一个比较高的花盆，把植株种成垂吊型就很漂亮。或者是找一个像月亮船一样可以悬挂起来的容器，然后满满地种上长茎秆的垂吊的姬胧月，也别有风味。在上盆过程中，你会发现，刚栽种好一棵，另一棵可能就掉了。姬胧月由于茎秆处的叶片都消耗掉了，而"头部"有很多叶片，所以必须在根部压一些较大的石头才不会掉。等姬胧月的根系能稳稳地抓牢土壤后才能移开石头。如果你觉得太麻烦，也可以将茎秆埋深一些，或者干脆砍头后重新栽种。

茎秆弯曲生长时，可以换较高的花盆栽种，任其垂吊生长。

基础养护一点通

型种：	春秋型种
光照：	明亮光照
浇水：	2周1次
耐受温度：	5~35℃
常见病虫害：	无

姬胧月叶片发皱，浇水也缓解不了，怎么办

一般叶片发皱是缺水的表现，如果浇水后叶片没有恢复饱满，那么便是根系出了问题，或者是茎秆萎缩。用锋利的美工刀或剪刀将坏死的根系或萎缩的茎秆剪除，放在阴凉通风处晾干伤口，等伤口有点皱后就可以重新栽种了。

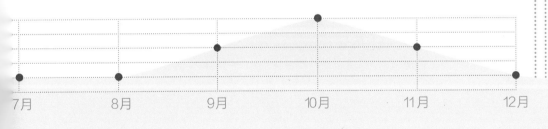

| 7月 | 8月 | 9月 | 10月 | 11月 | 12月 |

懒人多肉一养就活

桃之卵

（景天科风车草属）

多种方式繁殖

叶插

砍头

分株

播种

叶片肥厚圆润，无叶尖，表面被白霜，有蜡质光泽。生长速度比较快，老桩半匍匐或垂吊生长。春秋生长季可不用控水，大水浇灌，只是要保证土壤透水、透气。夏季高温需要注意浇水量，但不建议断水。冬季气温保持8℃以上可以安全过冬。使用较大的花盆栽种更容易长高长大，如果喜欢紧凑的株形，可以采用较小的花盆配合透水、透气的土壤栽培，这样大水浇灌也能够保持较好的状态。桃之卵长成老桩后，应注意每次的浇水量，木质化的枝干特别不耐水湿，建议老桩用透气性特别好的陶盆或素烧盆来栽种。叶插、砍头、分株都比较容易繁殖。春秋可以掰下健康的叶片叶插，非常容易出根出芽，小苗养护要经常喷雾，保持土壤湿润。阳光充足环境下长大的桃之卵小苗又胖又粉，特别萌。小苗养护中切忌施肥，腐叶土、园土等腐殖土中自带的养分足够它们生长所需。另外要注意夏季遮阴，太强烈的日照会直接将小苗晒死。

每次浇水量（单位：毫升）

	250	200	150	100	50

1月　　2月　　3月　　4月　　5月　　6

桃之卵淋雨后叶子一碰就掉，怎么办

夏季多雷雨天气，雨后晴天的高温容易造成植株掉叶子，尤其是像桃之卵这种叶片肥厚的品种。掉落的叶片应及时清理，查看茎秆上的生长点是否有黑点。如果有，立即采取砍头措施；如果没有黑点，应加强通风，尽快使土壤里的水分干燥。如果使用的是宽口径花盆或者塑料盆，可以在不损伤根系的前提下，将桃之卵连带土壤一起取出，这样能加速土壤干燥。

如何区分桃之卵和桃美人

桃美人的叶片顶端平滑，有轻微的钝尖，这是它明显区别于桃之卵的特征。桃之卵和桃美人的叶片形状非常相似，但是顶端没有钝尖，而且叶片呈现出蜡质感，比较亮。

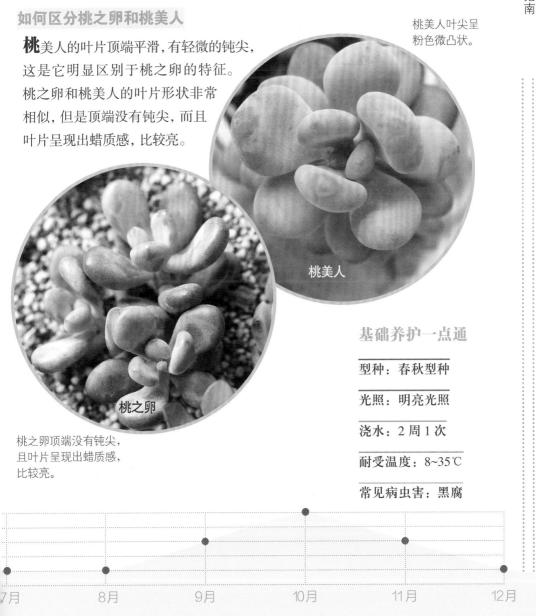

桃美人叶尖呈粉色微凸状。

桃美人

桃之卵

桃之卵顶端没有钝尖，且叶片呈现出蜡质感，比较亮。

基础养护一点通

型种：**春秋型种**

光照：**明亮光照**

浇水：**2 周 1 次**

耐受温度：**8~35℃**

常见病虫害：**黑腐**

7月　　8月　　9月　　10月　　11月　　12月

懒人多肉一养就活

蓝豆

（景天科风车草属）

多种方式繁殖

砍头　分株

叶插

基础养护一点通

型种：春秋型种

光照：明亮光照

浇水：1周1次

耐受温度：5~35℃

常见病虫害：无

蓝豆属于迷你型的多肉品种。叶片长圆形，淡蓝色，被覆白霜，先端有微尖（不太凸出，常年轻微红褐色）。蓝豆一般为蓝绿色或浅绿色，秋冬季节，阳光充足时，可晒成粉红色或橙粉色。喜欢凉爽、干燥、日照充足的环境，耐旱，怕高温，忌水湿。春秋季容易爆侧芽，群生后密密麻麻的小叶片显得非常有生机。是否需要浇水可以根据叶片的饱满程度来判断，只要叶片不发皱就可以不用给水。蓝豆在春季容易徒长，尽量增加日照时长和适当控水，秋季还是会美回来的。除了夏季高温时要适当遮阴外，其他时间都可以全日照。夏季和冬季少量给水，夏季高温要注意通风，保持土壤干燥。冬季把蓝豆放在温暖向阳的地方，能够使昼夜温差达到最大，也能使日照更充足，这样的环境最容易养出粉嫩的颜色。虽然叶子很小，但是叶插成活率比较高，不过生长速度慢，建议新人选择健壮的顶部枝条砍头或分株，会比较容易繁殖。

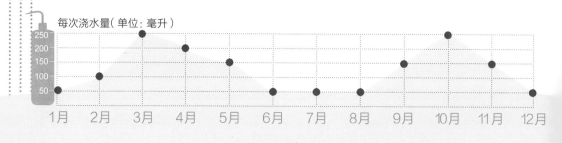

每次浇水量（单位：毫升）

| | 1月 | 2月 | 3月 | 4月 | 5月 | 6月 | 7月 | 8月 | 9月 | 10月 | 11月 | 12月 |

保证土壤透水通气、浇水见干见湿就能养活。

胧月

（景天科风车草属）

多种方式繁殖

砍头　分株

叶插

基础养护一点通

型种：春秋型种

光照：明亮光照

浇水：2 周 1 次

耐受温度：5~35℃

常见病虫害：无

　　胧月是在我国普及比较早的多肉植物，是非常皮实好养的品种，在我国南方，很多无人照看的老房子的屋顶都会发现大群的胧月，特别壮观。胧月的叶片棱角分明，花形像被切割过的宝石，所以还被称为"宝石花"。虽然胧月夏季看起来灰扑扑的，但是到冬季和初春，具备充足的日照时，叶片就会转变为粉红色，品相提升好几倍。胧月非常强健，适应性强，很少见病虫害，耐旱，耐贫瘠，稍耐半阴，土壤只要疏松、透气、不易板结就可以养活。夏季高温生长缓慢，但度夏压力不大，适度控水和遮阴就可以安全过夏。春秋季节浇水可见干见湿，冬季要减少浇水量。健康的老桩在温暖的南方可以露养过冬，北方地区则应在最低气温下降至5℃左右搬入室内养护。繁殖能力也很强，叶片几乎百分百出芽出根，生长速度也非常快，砍头、分株的成活率同样很高。

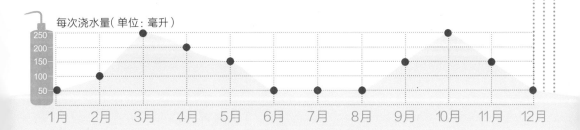

每次浇水量（单位：毫升）

250 200 150 100 50

1月　2月　3月　4月　5月　6月　7月　8月　9月　10月　11月　12月

冬季和春季日照充足，姬秋丽会变成粉红色，少女感十足。

姬秋丽

（景天科风车草属）

多种方式繁殖

叶插

砍头

分株

姬秋丽是非常迷你的多肉品种，生长速度比较快，容易爆盆，繁殖能力还特别强，是非常值得养的品种。叶片在生长季是浅绿色，日照充足、温差大的春秋和冬季能转变为粉红色。喜欢凉爽、干燥、阳光充足的环境，疏松透气且不易板结的沙质土壤适合它生长。对日照需求比较多，日照不足很容易徒长，叶片生长稀松。春秋季节放在全天都可以晒到阳光的地方，浇水见干见湿，生长速度很快，还容易自己长出很多分枝。夏季高温需要遮阴，稍微控水即可，度夏难度不大。秋季看天气情况取消遮阴，最高气温稳定在30℃以下时就可以接受阳光直射了，不过应注意循序渐进地增加日照时长。冬季气温降低需要注意保暖，可以露养的地区也应放在向阳并且背风的地方。姬秋丽的叶片掉了，随手丢在花盆里就能发芽，砍头、分株的方法繁殖成活率也非常高。

每次浇水量（单位：毫升）

| | 250 | 200 | 150 | 100 | 50 | 1月 | 2月 | 3月 | 4月 | 5月 | 6 |

怎么知道姬秋丽服盆了没有

右图中这些显然没有服盆，大部分叶片发
皱，说明根系还未生长。如果上盆很久了
还是这个样子，可以试试浸盆一次，让
土壤彻底湿润。新人如果无法判断怎
么样算是服盆了，可以多拍照记录，
刚上盆时拍一次，等过三五天再拍一
次，然后跟之前的照片对比看看，你就
会发现变化。当然，如果变化是越来越
皱，越来越不精神，那么就出现了服盆困
难，可以试试浸盆，也可以试着重新栽种一
次。如果对比发现叶片变得饱满了，新叶变绿了、
变大了，那么就是服盆的表现，可以拿出去逐渐晒
太阳了。

将姬秋丽修剪后
种在拇指盆中能
使株形紧凑。

如何养出一盆小巧精致的姬秋丽

很多人都说姬秋丽太
容易徒长了，怎么都控
制不住，还会分出很多枝
条，满满的一盆好像杂草一
样，乱成一团。这种情况下，除了
修剪部分枝条外，还可以选择用拇指盆来种。姬秋丽这种
迷你型多肉非常适合栽种在拇指盆中，两者搭配相得益彰。
拇指盆口径小，装的土壤少，浇水后土壤会很快干燥，不
用担心水多了徒长。而且因为空间和营养有限，拇指盆里
养的姬秋丽生长会比较慢，但株形很紧凑。

基础养护一点通

型种：春秋型种

光照：明亮光照

浇水：2 周 1 次

耐受温度：5~35℃

常见病虫害：无

7月　　　8月　　　9月　　　10月　　　11月　　　12月

丸叶姬秋丽

（景天科风车草属）

多种方式繁殖

叶插

砍头

分株

丸叶姬秋丽植株比较矮小，茎秆大部分不能直立生长，叶片非常饱满且圆润，这也许就是用"丸叶"命名的原因。通常叶片是灰绿色的，寒凉季节接受充足日照可以渐渐转变为浪漫的粉色，阳光下还会反射出星星点点的光芒。日照不足的话，只有部分为粉色，叶片大多还是灰绿色。开花是白色、星形，群生开花时很壮观。喜爱阳光充足、通风良好的环境。丸叶姬秋丽习性强健，生长速度较快，也容易群生。比较耐旱，日照不足或浇水太勤会造成植株徒长，叶片之间间距变大，株形不够紧凑，有失美观。玄灰蝶的幼虫似乎对这个品种特别的偏爱，初春和入秋时应注意喷洒护花神预防虫害。夏季稍微遮阴、控水即可，可以放在东向的阳台或露台，9点之前晒晒太阳。这个品种网购时非常容易掉叶子，不过掉落的叶子可以叶插，成活率非常高，适合新人练手。砍头、分株繁殖也极易成活。

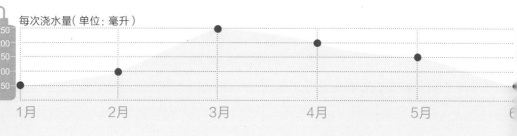

每次浇水量（单位：毫升）

	1月	2月	3月	4月	5月
250					
200					
150					
100					
50					

丸叶姬秋丽的叶子偏黄白色是怎么回事

植株整体颜色偏黄白色,应该是日照太强烈造成的晒伤。如果是露养可以拉一层遮阳网,如果是室内应开窗通风,增加空气流通。如果露养已经遮阴了,就可能是空气不够流通,高温热浪导致的灼伤。

叶片晒伤应及时采取遮阴措施。

丸叶姬秋丽的叶片有斑点,是病害吗

叶片上的斑点对植株本身没有太大影响,也不致命,可以多观察几天,如果没有继续恶化就不用管。有时候喷洒药物也可能会产生这种斑点,比如药物的浓度过高,对植株叶片产生了药害,这时候还是多用清水喷几次比较好。

丸叶姬秋丽和姬秋丽怎么区分

这两个品种比较容易区分,首先是个头大小不一,姬秋丽是非常小的,叶片还没有绿豆大,单头直径在 2 厘米左右,而丸叶姬秋丽的叶片比黄豆还大,单头直径在 5 厘米左右。还有就是叶子的形状不同,姬秋丽叶片整体较为细长,中间部分粗,两头尖。丸叶姬秋丽的叶片是基部窄小,先端宽厚肥大。

基础养护一点通

型种:	春秋型种
光照:	明亮光照
浇水:	2 周 1 次
耐受温度:	5~35℃
常见病虫害:	玄灰蝶幼虫

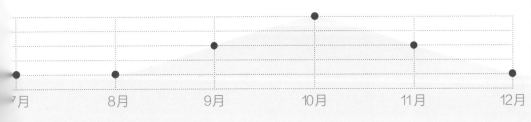

懒人多肉一养就活

银星常年绿色，
几乎不会变色。

银星

（景天科风车草属）

多种方式繁殖

叶插
分株
砍头

基础养护一点通

型种：春秋型种

光照：明亮光照

浇水：2周1次

耐受温度：5~35℃

常见病虫害：介壳虫

银星的叶片非常有特色，叶片肥厚，叶缘有些发白，先端骤然变尖，叶尖还特别地长，完整的叶尖规律排列，非常有趣。常年绿色，几乎不会变色，只有叶尖在秋冬季节会转变为浅粉色。习性强健，喜温暖干燥和阳光充足、通风良好的环境，不耐寒，耐干旱和半阴，怕强光暴晒和高温高湿的环境。可选择泥炭土与各种颗粒土混合后栽植。春秋季节的养护应注意土壤不干不浇水，浇水一次浇透。夏季高温需要注意遮阴和通风，当然减少浇水量并拉大浇水间隔还是有必要的，天气比较凉爽的时候，可以浇透一次。室内环境尤其要注意通风问题，否则容易滋生介壳虫。冬季应在室内温暖向阳处养护，最好能遵循白天温度高，夜晚温度低的自然规律，这样银星的状态会更好。银星的繁殖主要是叶插和砍头、分株，成活率都比较高。

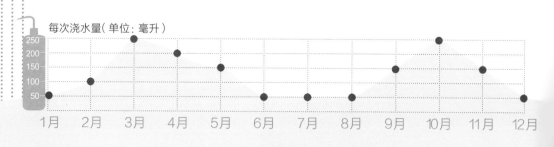

每次浇水量（单位：毫升）

| | 250 | 200 | 150 | 100 | 50 |

1月　2月　3月　4月　5月　6月　7月　8月　9月　10月　11月　12月

光照充足环境下养护的奥普琳娜叶片肥厚，整株粉紫色。

奥普琳娜

（景天科风车草属 × 拟石莲花属）

多种方式繁殖

叶插　分株　砍头

基础养护一点通

型种：春秋型种

光照：明亮光照

浇水：2周1次

耐受温度：5~35℃

常见病虫害：无

通常简称为"奥普"，叶肉质，尖端圆钝，表面覆盖白霜。缺少光照的情况下，叶片是灰绿色，阳光充足，叶缘会变粉红色，昼夜温差大时，整株会变粉红色或更深的粉紫色。喜欢阳光充足、干燥的生长环境，耐干旱，不耐寒。奥普习性强健，春秋季浇水可见干见湿，夏季温度升高，要遮阴、加强通风，整个夏季少量给水，保持盆土干燥。新人把握不好浇水量，可以每周将花盆放入水盆中几秒，浸湿底部土壤即可。室内养护环境不够通风的可以用电风扇对着多肉吹，一来能起到通风的作用，二来也可以降温。夏季奥普可能会在叶片上长出类似水疱的小凸起，这种病害除了影响美观外，并没有发现其他的不良影响，不过为了保险，还是需要在春季多次喷洒杀菌剂来预防。冬季5℃以下时要注意防止冻伤。叶插是比较常用的繁殖方式，奥普叶片肥厚，叶插非常容易成功，不过出芽时间略微长一些，需要多些耐心等待。

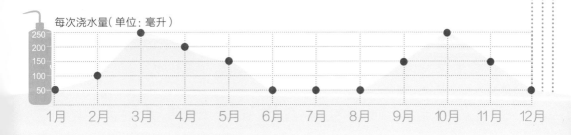

每次浇水量（单位：毫升）

	250 200 150 100 50
1月 2月 3月 4月 5月 6月 7月 8月 9月 10月 11月 12月	

白牡丹

（景天科风车草属
×
拟石莲花属）

多种方式繁殖

叶插

砍头

分株

白牡丹可算得上是多肉中的经典品种，几乎人手一株。喜阳光充足的环境，不耐寒，耐干旱和半阴。叶子呈卵圆形，先端有小尖，肉质肥厚，株形是标准的莲座状。生长季的颜色为灰白色或浅绿色，秋冬季节温度低、温差大、日照充足的情况下叶片会呈现粉红色。春、秋、冬三季适度浇水，夏季应控制浇水，盆土保持干燥。35℃以上需要遮阴，不然会有晒斑，5℃以下应在室内养护。健康生长的白牡丹春秋季节基本上 1 个月只需浇水 1 次，夏季和冬季 1 个半月浇 1 次。浇水频率只作为参考，应视多肉的状态给水，在底部叶片出现微皱时浇水是比较适当的。白牡丹喜欢颗粒较多的沙质土壤，光照越充足、温差越大，株形和颜色才会越漂亮。深冬和初春是白牡丹最容易出状态的时候，注意控水就能有比较好的状态。白牡丹不仅好养活，还特别容易繁殖，叶插一周内就会出根出芽，而且成活率特别高。

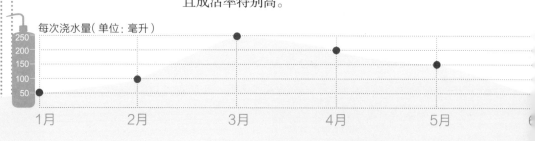

每次浇水量（单位：毫升）

	250	200	150	100	50

1月　　　2月　　　3月　　　4月　　　5月

白牡丹控制不住徒长，怎么办

白牡丹在夏季生长速度比较快，稍微一遮阴就可能令叶片稀松，发生徒长。还有人觉得控水已经非常厉害了，还是徒长，这其实是你自己认为它已经非常渴了，事实是你仍然可以继续让它渴一阵子。为了防止徒长，就应该从春季开始就增加日照时长，使白牡丹能经受初夏稍微强烈的阳光，这样需要遮阴的时间就短一些。再有就是控制浇水次数和浇水量，看到底部叶片发皱后再浇水，可以有效防止徒长。

基础养护一点通

型种：春秋型种

光照：明亮光照

浇水：4 周 1 次

耐受温度：5~35℃

常见病虫害：黑腐

白牡丹叶片突然就变黑，怎么回事

白牡丹虽然非常容易养活，繁殖能力强，但是有一个弱点是：夏季容易黑腐。上图这种情况就是黑腐，可能是高温高湿的环境造成的，所以夏季应注意减少浇水量，拉大浇水间隔，让土壤保持干燥。如果气温太高，应搬入空调房养护。

7月　　　8月　　　9月　　　10月　　　11月　　　12月

格林

（景天科风车草属
×
拟石莲花属）

多种方式繁殖

砍头　分株

叶插

基础养护一点通

型种：春秋型种

光照：明亮光照

浇水：3周1次

耐受温度：5~35℃

常见病虫害：无

单头直径可达10厘米，易生侧芽，多年植株茎秆会木质化。叶片呈莲花座形排列，蓝绿色或淡绿色，有白霜。阳光充足的寒凉季节，叶缘会呈现出粉红色，整个叶片也会是粉绿色。一般会在春季抽生花箭，花序杂乱呈网状，花呈淡黄色，钟形。格林的习性较为强健，对土壤、水和肥都要求不高。一般选择透气良好的疏松土壤即可，颗粒比例视气候条件而定，浇水见干见湿，春秋季节可以施用薄肥。夏季高温需要遮阴，注意通风。叶片出现化水情况，要加强通风，及时让土壤变干燥。格林叶片较厚，非常耐旱，所以不需要经常浇水。适当地控水，让植株处于缺水状态一段时间，再充分给水，可刺激植株更多地吸收水分，叶片也会更加饱满。通常情况下，格林养得时间越久，越容易出状态，即使在夏季，格林的状态也比较好。就算没有颜色，起码株形还可以保持。一般采用叶插繁殖，也可以砍头、分株繁殖。

每次浇水量（单位：毫升）

	250 200 150 100 50											
1月	2月	3月	4月	5月	6月	7月	8月	9月	10月	11月	12月

日照充足可使紫乐叶片肥厚，排列紧密且呈现出粉嫩的颜色。

紫乐

（景天科风车草属）

多种方式繁殖

砍头　分株

叶插

基础养护一点通

型种：**春秋型种**

光照：**明亮光照**

浇水：**2周1次**

耐受温度：**5~35℃**

常见病虫害：**无**

名字也可写为"紫悦"，是风车草属的园艺栽培品种。叶片肥厚，叶缘圆弧状，有钝尖，呈莲座状排列，稍有白霜。生长速度比较快，茎秆可直立生长。习性强健，喜欢阳光充足、温暖、干燥、通风良好的生长环境。弱光环境下养护叶片呈浅粉或浅灰绿色，日照充足可使叶片肥厚，排列紧密且呈现出粉嫩的颜色。春季和秋季是主要生长季，盆土干透后大水浇透，如果能给予最长时间的光照，叶片也会保持微粉色。夏季酷热期需遮阴，适当减少浇水量，但不能断水。夏季露养时，应注意避免长时间淋雨，南方露养环境雨水较多，最好安装遮雨棚，这样不用把多肉搬来搬去，更有利于它们生长。冬季低温需要注意防冻害，北方冬季要搬入室内，但最好不要放在暖气特别充足的地方。繁殖能力很强，可叶插，也可以砍头、分株，成活率都很高。

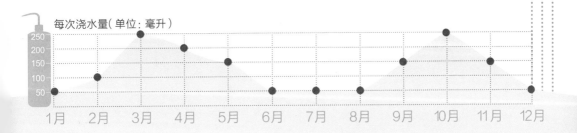

每次浇水量（单位：毫升）

| | 1月 | 2月 | 3月 | 4月 | 5月 | 6月 | 7月 | 8月 | 9月 | 10月 | 11月 | 12月 |

黛比的叶片可全
年保持粉紫色。

黛比

（景天科风车草属 × 拟石莲花属）

多种方式繁殖

叶插

砍头

分株

黛比因其漂亮的颜色和特别容易保持好状态的特性而拥有较高的人气。叶肉质，较厚，呈莲花座形，叶先端呈三角形，叶片几乎全年都能保持粉紫色。光照特别弱的时候，叶片才会变成青绿色。如果黛比一直在阳光充足的地方养护，植株习惯露养，那么夏季也可以不用遮阴，这样还能养出更深的粉紫色，细看叶片还会有星星点点的沙质感。黛比开出的花朵也是粉紫色，穗状花序，花钟形。黛比喜欢温暖、干燥、通风良好的环境和排水良好的沙质土壤。普通园土加煤渣的配土就能养活黛比，注意土壤不板结就好。春秋季节浇水见干见湿，适量施肥可促使叶片更肥厚；增加日照能令叶片颜色更鲜艳、靓丽；合理控水就能避免徒长。夏季高温应注意通风和遮阴。黛比生长速度快，很容易长成木质化老桩，到时应减少浇水，使盆土保持干燥。叶插非常容易出根出芽，小苗也比较容易养大。砍头、分株也是不错的繁殖方式。

每次浇水量（单位：毫升）

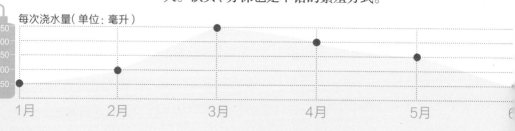

	250	200	150	100	50

1月　　2月　　3月　　4月　　5月

冬季买的黛比老桩总也不发根，怎么办

冬季气温低，植物本身生长速度较慢，如果想要让刚栽种的黛比老桩发根，温度最好要保持在15~25℃，土壤稍微湿润。土壤的湿度也非常重要，因为老桩对水分特别敏感，水分过多容易使木质化的茎秆腐烂。新人把握不好的话，可以用比较深的花盆来发根，浇水采取浸盆的方式，让花盆底部保持湿润即可。

黛比叶片掉了很多，还腐烂了，怎么办

如果掉落的叶片腐烂的部位不是从生长点开始的，那么应该不是茎秆部位出了问题。这种情况是高温闷热造成的叶片脱落，植物本身是没有病害的。只要改善养护环境的温度和通风，情况就能好转。

日照不足或浇水频繁，黛比的叶片就比较纤薄。

基础养护一点通

型种：春秋型种
光照：明亮光照
浇水：1周1次
耐受温度：5~35℃
常见病虫害：介壳虫

黛比叶片薄得像纸一样，如何养肥

浇水频率相对较高的养法通常会将黛比的叶片养得很薄，控水是能够令叶片肥厚起来的关键手段。除此之外，阳光的照射是不可或缺的。

充足的日照能让
小美女更美。

小美女

（景天科风车草属 × 景天属）

多种方式繁殖

叶插

砍头

分株

一款非常小巧的多肉，单头直径最大3厘米。除了在秋冬等寒凉季节可以变红外，夏季阳光充足也会呈现红色。非常强健，有条件露养的可全年露养。喜欢日照充足、干燥、通风的环境，对日照需求比较多，稍微缺光叶片就会变绿。生长速度非常快，还容易分枝，枝干也较容易木质化，有直立生长的，也有匍匐生长的。春秋季生长速度快，浇水可见干见湿。夏季生长较慢，需要适当控水。冬季也没有明显的休眠现象，比较容易过冬，只需要放在温暖向阳处，保持盆土干燥即可。小美女叶片叶插出芽率非常高，但生长速度比较慢，一般会剪取一段枝干来扦插繁殖。小美女会在冬季或春季开花，有的冬季和春季都开，一年开两次，这些成熟的花箭也是可以用来繁殖的。

每次浇水量（单位：毫升）

	250
	200
	150
	100
	50

1月　　2月　　3月　　4月　　5月

小美女叶插出芽后可以晒太阳吗

一般叶片在出根前都不需要晒太阳，即便已经出芽了，也是不需要晒太阳的。因为这个阶段，多肉叶插的生长完全依靠叶片自身的营养，在还没有根系的时候，叶片无法从土壤中获取养料和水分，所以这时候不能晒太阳，不然只会将叶片晒干瘪，甚至是晒枯萎。

基础养护一点通

型种：春秋型种

光照：明亮光照

浇水：2 周 1 次

耐受温度：5~35℃

常见病虫害：无

小美女叶片有黑斑，用什么药

出现黑斑可能是黑斑病，也可能是晒斑。晒斑不需要处理，黑斑病重在防御，应加强环境通风，保持盆土干燥，增强日照。黑斑病和晒斑的区别是，黑斑病的黑斑会逐渐扩大，黑斑部分会变软；晒斑是干燥的，比较硬，而且不会进一步扩大。

茎秆木质化的小美女怎么养护

小美女成株养护一年以上就容易发生木质化的现象，这时候应注意的问题主要是浇水。木质化的茎秆比肉质的茎秆更不耐水湿，水分过多容易腐烂，所以这时候要减少浇水量。另外，木质化茎秆还容易出现干瘪、萎缩的情况，为了避免此类情况发生应注意遮阴，避免暴晒，天气特别炎热的时候，可以搬入空调房"避暑"。

茎秆木质化的小美女需减少浇水量。

粉嫩的颜色少女感爆棚。

7月　　8月　　9月　　10月　　11月　　12月

景天科拟石莲花属

初恋

（景天科拟石莲花属）

多种方式繁殖

叶插

砍头

分株

初恋习性强健，对土壤要求不高，是非常适合新人练手的品种。喜温暖、干燥和阳光充足的环境。不耐寒，耐干旱和半阴。叶片较薄，颜色不均匀，表面有薄薄的白霜覆盖，秋冬正常养护就可呈现粉红色，宛若陷入初恋的少女。日照不足或浇水过多叶片会变灰绿色、宽而薄，品相难看。叶插出芽成活率接近百分之百，而且特别容易出多头，小苗也非常容易带大。生长期浇水可每周 1 次，每次可浇花盆容积 1/3 的水量。阴雨季节和冬季可以 1 个月浇1 次。夏季应注意通风，否则会滋生介壳虫。介壳虫会藏匿在叶片基部、背部，平时应注意观察这些部位。初恋的生长速度比较快，使用大的花盆会让它长得更快，叶片也会相对更宽。如果使用较小的花盆，并逐渐减少浇水次数，常年接受充足日照，这样其叶片会变得厚实、短小，颜色也会更粉嫩。

每次浇水量（单位：毫升）

250 200 150 100 50

1月　　2月　　3月　　4月　　5月　　6

初恋叶子突然掉光了，怎么办

叶子掉光了，要查看茎秆是否黑了，如果茎秆发黑，多数情况是黑腐造成的。可能的原因是通风不畅或者水分太多。黑腐到叶子掉光的时候已经没有办法救治了，如果同盆还有其他多肉，需要将花盆放置到通风干燥的地方。还有一点要注意的是，不要急着挖出黑腐的多肉，如果此时挖出刚黑腐的多肉，很可能会伤及其他多肉的根系，从而给真菌入侵其他多肉制造了入口。

初恋小苗长虫子了，要用什么药

这种虫子对多肉的危害不会致命，一般就是啃食叶片或茎秆，及时发现并处理，多肉是不会死亡的。这种虫子非常容易被发现，它个头比较大，只要出现在植株表面就能看到；它啃食叶片的痕迹也十分明显，所以发现这种虫子，用镊子或牙签杀灭就好了，不必非要用药。发现一盆中出现虫子，最好也要检查一下其他多肉是否有类似情况。

若发现多肉上有小虫，用镊子或牙签杀灭就好。

基础养护一点通

型种：	春秋型种
光照：	明亮光照
浇水：	1 周 1 次
耐受温度：	5~35℃
常见病虫害：	介壳虫

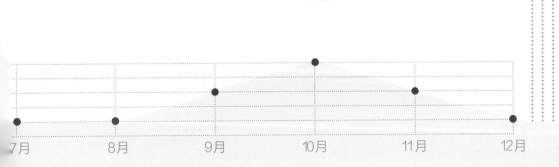

春秋温差大，长时间的日照和合理控水，可使特玉莲呈现淡淡的粉红色边缘。

特玉莲

（景天科拟石莲花属）

多种方式繁殖

叶插

砍头

分株

叶形独特，从某个角度看叶先端像倒置的心形。阳光充足的时候，叶色淡黄色，叶片变短而肥厚，冬季温差大、阳光充足的情况下可出现淡粉色边缘。特玉莲生长速度比较快，而且是可以长得比较大的品种，单头直径可达 15 厘米左右。特玉莲除了夏季，其他季节都可以全日照养护，春秋可以露养的话就露养，避免连续几天淋雨就好，也可以选择每月适当施肥，叶片会更加肥厚。夏季高温生长缓慢，处于半休眠状态，需要遮阴、控水，保持盆土干燥。健硕的特玉莲在室内无风的情况下最低耐受温度为 5℃，如果植株刚栽种不久或者为幼苗，则应更早一些搬入室内养护。繁殖方式可以选择叶插或者砍头、分株，成活率都很高。

每次浇水量（单位：毫升）

| | 250 | 200 | 150 | 100 | 50 |
| 1月 | 2月 | 3月 | 4月 | 5月 | 6 |

夏季特玉莲叶片变粉红色了，是出锦了吗

夏季会有一小部分多肉品种出现季节锦的现象，就是在一段时间内叶片变成了黄色、白色或者粉红色，比较常见的是火祭。特玉莲的斑锦品种很少见，出锦一般范围比较明显，跟正常的颜色有明显分界线，有的是叶缘带锦，有的是叶中心部分带锦，也有不规则分布的拉丝锦（斑锦呈线状分布）。夏季特玉莲变粉色说明进入了休眠状态，而且生长环境比较恶劣了，极有可能会濒临死亡。所以，这时候最好改善一下养护环境，尽量降低温度，加强通风，适当给水。

发现黑腐，应摘除叶片并喷洒多菌灵溶液。

特玉莲叶片发现黑斑，是黑腐了吗

看图中的样子应该是黑腐了，不过黑腐的部位看起来是比较干爽的，没有化水腐坏的样子，而且应该没有蔓延到茎部，发现得比较早，可以挽救。及时摘除这片叶子，并检查茎秆处是否有黑点，有黑点的话最好挖掉。无论茎秆是否有黑点都要放置在通风阴凉处。如果盆土不是特别湿润可以直接喷洒一遍多菌灵溶液，如果盆土比较湿润，可以用电风扇吹一吹，令盆土比较干燥后再喷洒多菌灵溶液。

基础养护一点通

型种：春秋型种

光照：明亮光照

浇水：1周1次

耐受温度：5~35℃

常见病虫害：黑腐

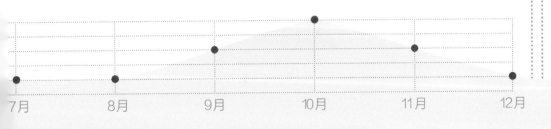

7月　　　8月　　　9月　　　10月　　　11月　　　12月

懒人多肉——养就活

大和锦

（景天科拟石莲花属）

多种方式繁殖

叶插　分株　砍头

基础养护一点通

型种：春秋型种

光照：明亮光照

浇水：4 周 1 次

耐受温度：5~35℃

常见病虫害：无

大和锦喜温暖、干燥和阳光充足的环境。不耐寒，耐干旱和半阴。大和锦呈莲座状，叶片是三角状卵形，先端急尖，叶面灰绿色，有红褐色斑点。阳光充足、温差大时，会变成红褐色。耐旱性强，但生长速度缓慢。大和锦是非常喜欢日照的品种，可耐受高温和几小时的暴晒。由于本身叶片储水能力强，非常耐旱，所以不喜潮湿的环境，切忌经常浇水或大水漫灌。夏季高温时更要减少浇水量，湿热的环境容易导致黑腐病。春秋季节每月浇水 1 次，夏季可半月浇水 1 次。大和锦生长缓慢，施肥更应该薄肥勤施，不然容易导致叶片间距拉长，叶片下垂，株形稀松，影响美观。繁殖可选择砍头、分株和叶插，成活率比较高。砍头下刀比较困难，非常考验刀工，新人首选叶插繁殖。多年生的老桩很容易掰叶子，叶片紧凑的话可以在换盆时摘取底部叶片。

每次浇水量（单位：毫升）

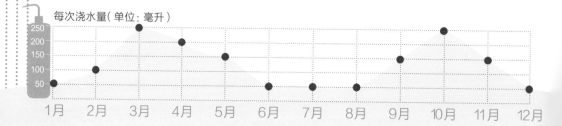

250 200 150 100 50

1月　2月　3月　4月　5月　6月　7月　8月　9月　10月　11月　12月

黑王子

（景天科拟石莲花属）

多种方式繁殖

叶插

分株

砍头

基础养护一点通

型种：春秋型种

光照：明亮光照

浇水：3 周 1 次

耐受温度：5~35℃

常见病虫害：无

　　黑王子特别皮实，纯河沙都可以养活，新人只要不经常浇水，养活它问题不大。喜欢温暖、干燥和阳光充足的环境，不耐寒，耐半阴和干旱。黑王子比较喜欢日照，但不喜欢暴晒，夏季应适当遮阴。光照越多，叶片颜色越发黑亮，长期光线不足叶片颜色会变绿，且株形松散。生长旺盛时，叶片中心也会出现绿色。黑王子夏季会短暂休眠，所以休眠期最好暂时断水，或者沿着盆边少浇些水，让盆土稍微有些水分即可。秋冬季节，每天保证 4 小时日照，适当浇水，注意通风，就能养出紧凑的株形和黑色有质感的叶子了。另外，黑王子叶插也是非常容易的，它开出的花箭上面的小叶子也可以叶插，发芽成活率很高，是新手练习叶插的好选择。砍头繁殖也非常容易成活，只是在砍头操作上要稍注意一下。先把要砍头部位的叶子轻轻摘下，这样可以留出空间方便下刀；一手抓住植株的"头部"，一手用锋利的美工刀快速在茎秆处切开，如果刀口不平整，可以再次修剪。

每次浇水量（单位：毫升）

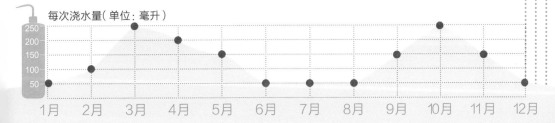

| | 1月 | 2月 | 3月 | 4月 | 5月 | 6月 | 7月 | 8月 | 9月 | 10月 | 11月 | 12月 |

紫珍珠喜欢阳光充足的环境，但不能暴晒，夏季需要遮阴、通风。

紫珍珠喜欢阳光充足的环境，但不能暴晒，夏季需要遮阴、通风。

懒人多肉一养就活

紫珍珠

（景天科拟石莲花属）

多种方式繁殖

叶插

砍头

分株

紫珍珠是性价比非常高的多肉品种。叶片在寒凉季节会变成粉紫色，底部老叶会呈现黄粉色。生长期叶片也会有粉色，但是日照不足的环境下养护会变成深绿色或灰绿色。喜欢阳光充足的环境，但不能暴晒，夏季需要遮阴、通风。紫珍珠的适应性比较强，适宜的生长温度为15~25℃，春秋两季根系良好的情况下，可以适当淋雨，也可以适量施肥。初夏可以喷洒杀虫剂预防介壳虫。冬季气温低时，可减少浇水量。北方室内养护需要放置在阳光充足的地方，否则叶片会长得大而薄。春季开花，花序穗状，小花钟型，粉紫色。紫珍珠开花有时候会抽生出多个长长的花梗，有时候花梗则很短，只在叶间匆匆开花。叶插、砍头、分株都很容易成活。

每次浇水量（单位：毫升）

	250	200	150	100	50

1月　2月　3月　4月　5月

紫珍珠茎秆长弯了，还能修正吗

大多数植物都有向光性，多肉植物也一样。如果不是在完全无遮蔽的环境下养护，多肉植物多少都会有些"歪脖子"，时间久了，自然就会形成弯曲的茎秆，这时候就无法纠正了。如果不想让茎秆长弯，可以每周将花盆旋转 90°，让紫珍珠的各个方向都受到阳光的照射。

每周将花盆旋转 90°接受日照，可防止茎秆"歪脖子"。

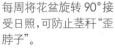

基础养护一点通

型种：春秋型种

光照：明亮光照

浇水：2 周 1 次

耐受温度：5~35℃

常见病虫害：介壳虫

紫珍珠被介壳虫危害的叶心。

紫珍珠长了很多介壳虫，怎么办

若植株的底部和茎秆上有很多介壳虫，最好是脱土、换盆，彻底清理一下。先将能看到的介壳虫用牙签戳死，然后脱土、清理根系、晾根，这些都要在远离其他多肉的地方进行，然后准备护花神溶液，将紫珍珠整个泡在溶液中，约 5 分钟后取出，重新栽种在新的花盆中。之后放在阴凉处养护，隔 5~7 天用护花神溶液喷洒、灌根 1 次，连续 3 次就能保证介壳虫不再出现。

7 月　　8 月　　9 月　　10 月　　11 月　　12 月

懒人多肉——养就活

玉蝶

（景天科拟石莲花属）

多种方式繁殖

砍头

分株

玉蝶的别名很多，如"石莲花""宝石花"等，是我国比较常见的多肉品种之一。叶片宽大、稍薄，轮生，典型莲花座形，叶片代谢速度快，容易群生。叶片颜色多为蓝绿或深蓝，多在夏季开花，花期长达数月，花为红黄色，钟形。玉蝶耐旱、喜阳，不耐高温，夏季容易黑腐，应保持良好的通风。冬季低于10℃时最好移至室内养护。玉蝶夏季休眠，这时候浇水要小心，量少好于量多。叶心的积水要及时清理。休眠时，底部叶片会不断干枯，这是正常现象，需要经常清理枯叶，这样可以加强通风，避免病菌滋生。土壤选择用颗粒土比较好，疏松又透气，利于植株生长，同时注意周围的环境应保持通风。最好是在充足散射光环境下接受长日照，这样能较好地保持紧凑的株形和叶片的聚拢形态。生长季叶片数量增多，层层叠叠，蔚为壮观。叶插不容易成功，主要靠砍头繁殖。玉蝶容易在底部滋生侧芽，可以砍下较大的侧芽进行繁殖。

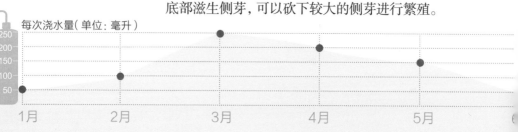

每次浇水量（单位：毫升）

250				
200				
150				
100				
50				

1月　　　2月　　　3月　　　4月　　　5月

为什么玉蝶总是在夏季黑腐

玉蝶是非常容易黑腐的品种，夏季稍不留神就可能会"仙去"。日常养护中要多观察，发现异常要及时砍头挽救。建议新人在秋季购买玉蝶。如果是在春季，短暂的春季过去就要面对难熬的夏季，新人在养护上还没有多少经验，很容易造成夏季黑腐。土壤选择颗粒土多一些的，可以防止水浇多了烂根。秋季服盆后，全日照环境下养护，见干见湿地浇水，养足根系。经过冬季和春季的管理，积累了一定的经验后，度夏就容易多了。

玉蝶群生后，主头叶片越来越少，怎么办

玉蝶本身叶片的代谢速度就比较快，底部生出这么多侧芽，肯定需要更多的营养。如果营养不足，主头就会消耗自身的营养供应给侧芽。还有可能是茎秆内部出现问题，导致营养输送出现问题，要检查茎秆是否硬挺。如果茎秆干瘪、发软，应砍头，剪取侧芽单独栽种。如果茎秆正常，就需要增加营养了，可以施用缓释肥，也可以多晒晒太阳。

新人最好在秋季购买或换盆。

基础养护一点通

型种：春秋型种

光照：明亮光照

浇水：3周1次

耐受温度：5~35℃

常见病虫害：黑腐

玉蝶底部生长侧芽会消耗很多营养。

懒人多肉一养就活

露娜莲

（景天科拟石莲花属）

多种方式繁殖

叶插　砍头　分株

基础养护一点通

型种：春秋型种

光照：明亮光照

浇水：2周1次

耐受温度：5~32℃

常见病虫害：无

露娜莲是非常经典的品种。叶形、叶色都很美，叶片卵圆形，肉质，先端有小尖，灰绿色，被覆白霜。寒凉季节中心叶片会变成粉紫色，加上紧凑的株形，看起来就像端庄优雅的美女。露娜莲喜欢干燥、通风且日照充足的环境，耐干旱，也耐半阴，不耐寒，养护的关键是浇水和日照。露娜莲可接受6小时以上长日照，浇水见干见湿，盆底部不能积水，否则易使植株腐烂或滋生病菌。早春时节株形和颜色都很漂亮。这时候不宜过多浇水，可薄肥勤施。夏季超过32℃需要遮阴，注意通风。炎热潮湿的环境应减少浇水，或断水一段时间。冬季合理控水后，露娜莲的叶片会变得肥厚起来，粉紫色面积也会增多。叶插、砍头、分株繁殖都容易成活。露娜莲叶插非常容易成功，一年四季都可以叶插，只要保证气温不低于10℃即可。

每次浇水量（单位：毫升）

250 200 150 100 50

1月　2月　3月　4月　5月　6月　7月　8月　9月　10月　11月　12月

冰莓

（景天科拟石莲花属）

多种方式繁殖

分株　砍头

基础养护一点通

型种： 春秋型种

光照： 明亮光照

浇水： 2周1次

耐受温度： 5~35℃

常见病虫害： 黑腐

冰莓是月影系非常经典的品种，单头在8厘米左右，容易群生。叶子较为肥厚，先端钝圆，叶尖不明显，叶缘有半透明的冰边，生长点是扁的。夏季一般为绿色，秋冬季叶片会紧包起来，并变成粉红色。喜欢干爽、阳光充足的环境，耐旱，较为耐寒。习性比较强健，比较容易适应新环境。春秋季节上盆的话，湿土干栽，约3天后给少量水，再过大概1周可以浇透1次，之后植株生长点恢复生长，就可以正常养护了。冰莓非常容易群生，群生后要注意做好通风工作，剪下侧芽、摘取底部叶片等方法都可以达到通风的目的。夏季高温生长缓慢，处于浅休眠状态，给水不能太多，同时需要做好遮阴、通风的工作；秋季尽量多给水，促进根系生长；冬季可以慢慢减少浇水量并拉大浇水间隔，好状态慢慢就会呈现出来。叶插成活率不高，一般采用分株和砍头繁殖。

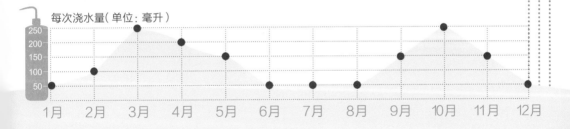

每次浇水量（单位：毫升）

| | 1月 | 2月 | 3月 | 4月 | 5月 | 6月 | 7月 | 8月 | 9月 | 10月 | 11月 | 12月 |

懒人多肉一养就活

菲欧娜

（景天科拟石莲花属）

多种方式繁殖

叶插

砍头

分株

播种

是比较大型的石莲花品种，单头直径可达 15 厘米，地栽的可以长更大。叶片匙形，长而肥厚，被覆白霜。一般夏季叶片为蓝粉色，日照充足的寒凉季节会转变为非常梦幻的粉紫色。菲欧娜喜欢光照，但忌烈日暴晒，春秋可露养，夏季需要半阴环境养护。湿热的天气需要延长浇水间隔，切勿为保持土壤湿润而经常喷雾。菲欧娜即使在夏季也会保持一点红边，秋冬季颜色变化非常显著。为了维持颜色和株形，需要充足的日照和适度控水。冬季室内养护还要注意通风，通风不足会导致植株叶片稀松。大比例的颗粒土栽培，加上长期控水，可以让叶片更加肥厚。繁殖方式可选择叶插、砍头、分株或播种。叶插选取肥厚健康的叶片，非常容易成活。

每次浇水量（单位：毫升）

| | 1月 | 2月 | 3月 | 4月 | 5月 |

菲欧娜被雨水浸泡后，珍珠岩被卡在叶片间了，怎么清理

珍珠岩不含腐殖质，应与其他土壤混合使用，并且它的质地非常轻，浇水后容易上浮。被雨水浸泡后珍珠岩容易卡在叶片间，清理的时候需要用到镊子，轻轻夹住珍珠岩向上取出即可，尽量不要触碰到叶片。如果处理不当，珍珠岩会往里面挤，给叶片造成伤口，影响美观。如果掌握不好这种方法，可以将植株周围的土壤用卫生纸或报纸等覆盖起来，然后托起花盆翻转过来，让菲欧娜朝下，然后再用镊子取珍珠岩和其他杂物，会更容易取出。

基础养护一点通

型种：春秋型种

光照：明亮光照

浇水：2周1次

耐受温度：5~35℃

常见病虫害：黑腐

菲欧娜用红陶盆还是用黑方养好

两种盆都可以，如果是用同样的配土种，同样的浇水，同样的环境养护，那么红陶盆养出来的菲欧娜状态会更好，比较紧凑，容易上色；黑方养护的就比较壮，个头大。简单说就是红陶盆相对更透气，同样的浇水频率控水的程度要高一些。所以，喜欢控形的肉友可以选择红陶盆，喜欢长大个子的肉友就用黑方。当然，喜欢多浇水的也可以用红陶盆，这样也能养出大个子的菲欧娜。

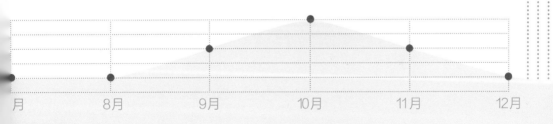

月　　　　8月　　　　9月　　　　10月　　　　11月　　　　12月

子持白莲

（景天科拟石莲花属）

多种方式繁殖

叶插

砍头

分株

　　小巧可爱的石莲花，特别容易爆出侧芽，短短一个春季就会爆盆。叶片浅绿色，稍有白霜，紧密排列，形成莲花座。温差大、光照充足的条件下会变成粉红色。春季容易长侧芽，一般侧芽的茎会伸得很长，好像许多手臂伸出来一样。喜欢阳光充足、干燥、通风的环境和疏松、透气并且排水良好的土壤。春秋季节尽量全日照，夏季短暂休眠要遮阴，冬季养护环境温度尽量保持不低于5℃。繁殖能力也特别强，侧芽剪下来，插入湿润的土壤中，1周左右就会生根继续生长。叶片扔到土壤表面，半阴养护，很快就会出根出芽。另外也可以选择砍头，底座会生出更多的小芽来。子持白莲在长侧芽时，茎秆往往特别长，影响美观，在侧芽萌生初期就需要加强日照，并适当控水。日照对塑造株形非常重要，所以尽可能多地让它晒太阳吧。

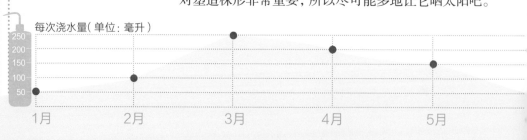

每次浇水量（单位：毫升）

250　200　150　100　50

1月　2月　3月　4月　5月

子持白莲如何快速爆盆

希望子持白莲能快速爆盆的朋友，可以在栽种时在土壤中混入缓释颗粒肥，土壤最好选用透气又保水的。在春秋可以露养，浇水可以见干见湿，偶尔淋雨也能促进子持白莲生长。夏季可以选择在室内空调房的向阳处养护，这样气温不高，子持白莲还能持续生长。冬季将室温维持在15℃以上，子持白莲也能生长。

子持白莲的茎秆呈黑褐色，是黑腐了吗

不要以为茎秆变黑就是黑腐哦！黑腐的茎秆通常是软的，而且上面的叶子会自然脱落或者一碰就掉。若没有上述情况，叶子都很健康，那么茎秆应该是木质化的表现。木质化的茎秆对水分比较敏感，所以浇水要少，土壤不能长期保持湿润，否则茎秆会被沤烂。

子持白莲最低能耐受多少度的低温

子持白莲和大部分多肉一样不耐低温，一般成株能承受5~10℃的低温，但是幼苗不一定能耐受5℃的低温，而一些比较健壮的老桩则可能耐受短时2℃的低温。这些温度还只是在天气晴朗无风的情况下，如果有风或雪则可能出现冻害。所以，在冬季最好提早进行保温措施，避免多肉冻伤。

基础养护一点通

型种：	春秋型种
光照：	明亮光照
浇水：	2周1次
耐受温度：	5~35℃
常见病虫害：	无

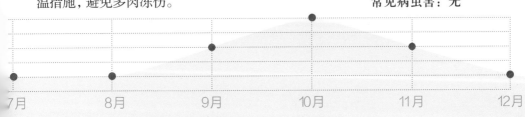

7月　　8月　　9月　　10月　　11月　　12月

吉娃莲

（景天科拟石莲花属）

多种方式繁殖

叶插

砍头

分株

　　别名"吉娃娃""杨贵妃"，原产墨西哥，喜温暖、干燥和阳光充足的环境。不耐寒，耐干旱和半阴，忌水湿。叶蓝绿色，有薄薄的白霜，先端急尖，叶尖常年红色，秋冬季节叶缘也会变成红色，非常迷人。吉娃莲习性比较强健，春秋季节可全露养，室内养护大概每2周浇水1次，盆土切忌过湿。对于新手来说，度夏稍有难度。气温超过30℃时建议适当遮阴，尤其是小苗，不能长时间接受全日照，应尽量避免 10:00-15:00 的直射光。夏季浇水应注意减少浇水量，浇水后应特别注意通风，使盆土内的水分尽快蒸发掉，否则高温高湿的土壤环境很容易造成植株黑腐。

每次浇水量（单位：毫升）

250
200
150
100
50

1月　　2月　　3月　　4月　　5月　　6

吉娃莲有一片叶子化水了，怎么办

叶片化水大部分是因为土壤水分较多造成的，还有可能是黑腐的前兆，尤其在夏季。首先要摘除化水的叶片，观察此处的茎秆是否变黑。如果茎秆变黑了，要立刻将部分叶片摘除，然后进行砍头，将茎秆的黑色部分彻底去除，剩余的部分晾干伤口后再插入蛭石中发根。如果茎秆没有变黑、变软，则可以把吉娃莲放在通风较强的地方继续观察。运气好的话，化水情况不会继续加重。有些人露养多肉，在发现叶片化水后会倍加呵护，将它放到室内，这样做反而不利于通风，死亡的概率将大大提高。

如何让吉娃莲快速长大个

吉娃莲的生长速度还是比较快的。如果你认为自己的吉娃莲生长缓慢，可以尝试在土壤中尽量多使用泥炭土，并在土壤中掺入一些缓释肥，选择一个比植株本身大很多的花盆，这样做吉娃莲生长速度会有所加快，缺点就是品相会因此变差。

基础养护一点通

型种：	春秋型种
光照：	明亮光照
浇水：	每2周1次
耐受温度：	5~35℃
常见病虫害：	黑腐

寒凉季节，温差大、日照充足时，蓝苹果的叶尖会变红。

蓝苹果

（景天科拟石莲花属）

多种方式繁殖

叶插

砍头

分株

又称"蓝精灵"，是比较好养的品种。叶片通常为蓝绿色，被覆白霜，叶先端有钝尖。寒凉季节，温差大、日照充足时，钝尖会变红，有时候先端部分会全部变红。蓝苹果习性较强健，耐干旱，稍微耐半阴，但长时间半阴养护会造成品相不佳。对水、肥需求不多，新人只要少浇水，保持盆土适当干燥，不乱用肥料，就能成活。其生长速度算比较快的，成株一两年就能养成群生老桩。夏季注意遮阴，适当控水，保持空气流通也是十分必要的。夏季一些木质化的茎秆容易出现萎缩、腐烂的现象，除了注意浇水量外，还可在春季多喷洒几次多菌灵等杀菌剂来预防。蓝苹果是非常容易繁殖的品种，叶插、砍头都容易成活。摘取叶片时需要在盆土比较干燥的情况下进行。

每次浇水量（单位：毫升）

250					
200					
150					
100					
50					

1月　2月　3月　4月　5月　6

夏季干枯的叶片要不要清理

对于大部分多肉品种来说，干枯的叶片都是需要及时清理的，尤其是夏季。因为夏季气温高，雨水多，很容易滋生病菌，如果枯叶不及时清理可能会是多肉植株病害的一个隐患。清理干净后植株更容易通风透气，发生病害的可能性就能降低一些。在清理枯叶时应小心一些，用镊子夹住枯叶根部轻拽，一片片摘取。如果用力都摘不下来的话，就不要强拽，否则会给茎秆造成伤口，也容易成为真菌侵害的入口。

如何将蓝苹果养成叶片向内包裹的样子

想要出状态，首先要有足够的日照，每天 4 小时是最低限度。其次是要等到寒凉季节，使用大比例的颗粒配土。颗粒性土壤在浇水后能快速干燥，只保存一小部分水分供植株吸收，这样能够让蓝苹果保持紧凑的株形。之后合理的控水，便可形成叶片向内包裹的"蓝包子"。

蓝苹果叶片背面有黑斑，是病害吗

叶片出现右图中的黑斑，很可能是被晒伤了，应移至阴凉的地方养护，注意遮阴，加强通风。这样的晒伤程度不严重，不会影响生长。

叶片出现黑斑时应注意遮阴，加强通风。

基础养护一点通

型种：春秋型种

光照：明亮光照

浇水：2 周 1 次

耐受温度：5~35℃

常见病虫害：黑腐

7月　　8月　　9月　　10月　　11月　　12月

花月夜

（景天科拟石莲花属）

多种方式繁殖

叶插

砍头

分株

经典的莲花座形多肉品种。叶片肥厚，叶缘较薄，长匙形，叶缘有非常明显的红边，养护得当几乎全年可见。叶片底色偏蓝绿色，弱光环境下叶片会摊开，叶色变成浅绿色。喜欢阳光充足、温暖、干燥且通风良好的环境。花月夜外形美丽，它的杂交品种比较多，外形非常类似。花月夜习性强健，放在光照充足的地方养护就可以。浇水见干见湿，不要经常喷雾，盆土需要保持稍微干燥。选择疏松、透气的土壤栽培，夏季遮阴，控制浇水量，能够保持叶片饱满、紧凑。雨天过后，叶心积水要及时用卫生纸或棉签吸干，以免造成灼伤。花月夜特别容易群生，群生后叶片比较密集，这时候要特别注意通风。如果母株的叶片挤压新芽，可以考虑摘除叶片，给新芽更多生长空间。叶插比较容易成活，但是花月夜的叶片不太好掰，稍不小心就会损坏生长点或掰断，最好在换盆时摘叶片。尽量捏住叶片基部，左右轻轻晃动，感受叶片生长点的剥离。

每次浇水量（单位：毫升）

250	200	150	100	50

1月　　2月　　3月　　4月　　5月　　6

一盆叶插苗中只有花月夜的叶插苗死了，这是为什么

如果花盆中的叶插苗很多，而花月夜的叶插苗只有一棵，那这种情况只是个例，并不能说明什么问题。相反，如果花月夜的叶插苗很多，却都死了，说明你的浇水量或者光照强度是花月夜这个品种不能承受的，它比同盆的其他品种更不耐水湿和强光。还有就是同盆的其他叶插苗可能都是非常皮实的品种，比如胧月、白牡丹、姬胧月等。

为什么花月夜的花箭这么短

通常花箭的长度和健壮程度直接反映着多肉植株的营养健康状况。花箭这么短就开始开花的，说明植株本身的营养不够，需要施肥并增加光照。但是这时候补充肥料已经来不及了，最简便的方法就是剪掉花箭，减少营养消耗，使植株保持较好的状态。

基础养护一点通

型种：春秋型种

光照：明亮光照

浇水：2周1次

耐受温度：5~35℃

常见病虫害：黑腐

若不想让多肉开花可剪下花箭。

花月夜一夜之间化水了好几片叶子，会不会死

若花月夜叶片化水比较严重，会不会死不好说，不过多摘几个叶片留着叶插总是好的。清理掉化水叶片，应仔细查看茎秆是否有黑腐迹象。如果无明显黑点、黑斑，则放置在阴凉通风处养护，如果有一点点黑斑就应及时砍头，将黑色部分的茎秆完全剪除，之后再重新栽种。

懒人多肉一养就活

月光女神

（景天科拟石莲花属）

多种方式繁殖

叶插

砍头

分株

月光女神是花月夜和月影系的杂交品种，继承了月影系扁长生长点的特点。当然不排除个别植株拥有周正的生长点。月光女神需要阳光充足和凉爽、干燥的环境，耐半阴，怕水涝，忌闷热潮湿。具有寒凉季节生长，夏季高温休眠的习性。春季开花，穗状花序，花橘黄色，钟形。习性和花月夜类似，耐旱、忌高温高湿，对土壤要求不高，排水透气就可以。浇水也是"不干不浇，浇则浇透"，浇水量是春秋多，冬夏少。可在底部叶片出现发皱或枯萎时再浇水。给予充足的光照，露养的环境下就会有非常美艳的红边。室内养护需要加强通风，夏季要多开窗，或者使用电风扇增加空气流通。冬季白天室内温度保持在 20℃以下，夜晚气温维持在 5℃以上。长时间的低温和大温差会造就月光女神大面积的红晕。叶插成活率偏低，需要适宜的温度和湿度，才能比较顺利地出根出芽，叶插缀化的概率比较大。

每次浇水量（单位：毫升）

	250	200	150	100	50

1月　　2月　　3月　　4月　　5月

这个是月光女神吗

右图是跟月光女神相似的猎户座。猎户座的叶片底色偏蓝绿色，出状态后整株可变红，而月光女神生长期是偏绿色的，出状态后也只有叶缘变红。无论是否出状态，月光女神最大的特征就是生长点偏偏，而猎户座是非常周正的生长点。

猎户座

月光女神花箭开成右图这样可以剪下来繁殖吗

一部分多肉开花的花箭是可以剪下来繁殖的，比如锦晃星、小美女、马库斯、树冰、火祭等，这类多肉生长有明显的茎秆。但是像月光女神这类莲花座形的多肉的花箭一般比较难繁殖，所以一般不用花箭繁殖，多采用砍头和分株。

月光女神自己长着长着，没了生长点，是缀化了吗

某些特殊情况下，多肉在自然环境下会发生缀化，缀化可能是从生长点消失开始的，但不一定生长点消失就是缀化，也可能会长成多头，只是在生长初期看起来像是缀化，所以这需要等它再生长一段时间才能判断是否为缀化。如果过很久，它的生长点看起来还是畸形或者是蜿蜒的曲线，那么就是缀化无疑了。

基础养护一点通

型种：春秋型种

光照：明亮光照

浇水：1周1次

耐受温度：5~35℃

常见病虫害：无

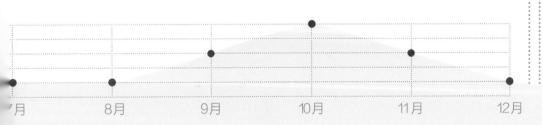

| 7月 | 8月 | 9月 | 10月 | 11月 | 12月 |

懒
人
多
肉
——
养
就
活

雨燕座叶片肥厚较为
耐旱，出状态后叶缘
是粉红色，有晕染。

雨燕座

（景天科拟石莲花属）

多种方式繁殖

砍头　分株

叶插

基础养护一点通

型种：春秋型种

光照：明亮光照

浇水：2周1次

耐受温度：5~35℃

常见病虫害：无

也有人叫它"天燕座"，和花月夜类似，都是比较大型的石莲花，冠幅可以达到20厘米以上。雨燕座的辨识度比较低，叶片细长，蓝绿色，叶缘桃红色，和很多"红边边"品种都很像。春季开花，小花钟形，亮黄色。喜欢疏松、透气、排水良好的土壤和凉爽、干燥的环境。雨燕座和花月夜的习性相似，都比较好养活。能够接受全日照，但是夏季高温需要遮阴。生长季浇水可以粗放一些，夏季和冬季还是少浇为好。叶插出根出芽时间比较短，而且容易长出多头，是主要的繁殖方式。叶片不好摘，最好在换盆时进行，另外也可以砍头、分株繁殖。雨燕座和花月夜、月光女神等这类"红边边"多肉，都是比较容易养出状态的。常规的浇水和日晒就能使叶片边缘红润起来，如果使用小一点的花盆，控水时间长一些，还能令叶片更紧凑，更加向内收拢，形成完美的"包子"形状。

每次浇水量（单位：毫升）

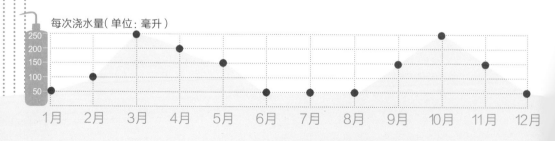

| 1月 | 2月 | 3月 | 4月 | 5月 | 6月 | 7月 | 8月 | 9月 | 10月 | 11月 | 12月 |

静夜

（景天科拟石莲花属）

多种方式繁殖

砍头　分株

叶插

基础养护一点通

型种： 春秋型种

光照： 明亮光照

浇水： 2周1次

耐受温度： 5~35℃

常见病虫害： 黑腐

静夜是很多新人"入坑"必买的品种，体型较小，颜色清新，深受大家喜爱。叶片表面有一层薄薄的白霜，呈莲座状紧密排列。比较喜欢日照，缺光容易徒长，茎秆会拔高，品相难看。寒凉季节，适当控水还会变成红尖的"小包子"，非常萌。花钟形，黄色。静夜的浇水间隔可以相对短一些，但每次浇水量要少，切忌大水。浇水如果不小心浇到叶心，应用气吹吹干或者用卫生纸吸干，以免叶心积水腐烂。静夜非常怕湿热，尤其夏季容易黑腐，应放置在通风好的位置，并严格控水。全年都应注意通风，叶片紧凑时更应加强通风。叶插比较容易成活，但小苗养护不易，砍头、分株繁殖更容易长大。虽然静夜外形呆萌，但养护不当非常容易化水、黑腐，所以对静夜的养护需要更加细致，发现异常应及时处理。尽量在充足的散射光下养护，切忌暴晒，暴晒很可能会直接晒死。浇水后一两天如果出现徒长，应减少下次浇水的水量。大比例的颗粒土养殖加上严格控水会令叶片紧包，形态可爱呆萌。

每次浇水量（单位：毫升）

250	200	150	100	50

1月　2月　3月　4月　5月　6月　7月　8月　9月　10月　11月　12月

懒人多肉一养就活

蓝宝石

（景天科拟石莲花属）

多种方式繁殖

叶插

砍头

分株

成株冠幅约5厘米，它的叶形和叶边纹路看起来几何感很强，就好像切割过的宝石一样。蓝宝石的叶背面更容易变成紫红色，而叶正面大多时候为蓝色或蓝绿色。如果叶子正反面都变成紫红色，那就是非常好的状态了。蓝宝石生长速度一般，但是比较容易群生，群生蓝宝石叶片比较密集，怕闷热，夏季应注意通风和控水。如果水浇多了，徒长，可以砍头后重新塑形。平时也可以摘叶子，叶插繁殖，成活率也较高。蓝宝石容易晒伤，温度超过30℃时建议遮阴养护。如果从春季开始就一直露养且养护环境通风好的话，也可以不用遮阴，进行全日照养护。接受长日照，并且让盆土经常处于干燥状态，叶子背面就能出现紫红色了。为了保持株形，就要多控水，尽量避免造成盆土高温高湿的环境。想让蓝宝石上色，除了白天尽量接受日照外，夜晚的低温也很重要。北方冬季室内养护，夜间气温不可过高，否则不容易上色。

每次浇水量（单位：毫升）

	1月	2月	3月	4月	5月
250					
200					
150					
100					
50					

蓝宝石生根慢，怎么办

一般蓝宝石栽种后两三周可以生根，如果发根过慢，应检查是否盆土过于干燥，或者是环境光照太强等。确定是否生根不用把植株拔出来，只需要轻轻摇晃花盆，看植株是否倾倒，如果倾倒或站立不稳则没有生根。如果你无法明确判断是否生根，建议在发根前不要上盆，可以放在潮湿的蛭石或珍珠岩中，等发根后再上盆。用蛭石发根或者水诱发根的办法可以清楚地看到发根的情况。

蓝宝石叶插苗化水，总长不大，是怎么回事

蓝宝石的叶插非常容易出根出芽，但是带大小苗是需要一段时间的精心护理的。叶插化水的原因可能是水浇得太多、太勤，也可能是高温闷热的天气造成的。在叶插出芽初期，应放置在弱光环境中养护，或者放在只能晒到早上9点前太阳的地方。叶插苗在室内养护时，比较容易管理，不会被雨淋到，不会被强烈的日光照射，气温还不会太高，尤其在夏季可以避开很多危险因素。如果总是养不大蓝宝石的叶插苗，还是买成株等着它长侧芽后分株繁殖吧！

蓝宝石出状态后叶片短而紧凑并呈深红色。

基础养护一点通

型种：春秋型种

光照：明亮光照

浇水：2周1次

耐受温度：5~35℃

常见病虫害：无

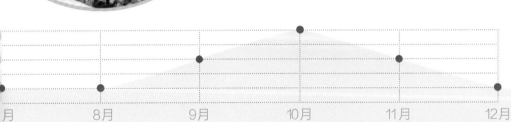

月　　　8月　　　9月　　　10月　　　11月　　　12月

夏季多注意控水和
通风就能大大降低
雪莲黑腐的概率。

雪莲

（景天科拟石莲花属）

多种方式繁殖

砍头

播种

叶插

雪莲是很多肉友大爱的品种。叶片圆匙形，顶端圆钝或略尖，但没有明显的叶尖，被覆一层厚厚的白霜，有时候根本看不清叶子本来的颜色。雪莲的主要欣赏价值也在于这一层白霜，千万不要淋雨，不要触碰，否则它就变成"大花脸"了。雪莲虽美，但是比较娇弱，需要更多的呵护。雪莲喜欢阳光充足、凉爽、干燥、昼夜温差较大的环境，耐干旱，怕积水与闷热、潮湿，具有一定的耐寒性。夏季温度气温高于25℃开始进入半休眠，30℃就会完全休眠，这时候要减少浇水，勿施肥，并放置于通风、凉爽的地方。冬季气温维持在10℃可以持续生长。春秋季节正常养护就可以了，每月可浇水三四次。秋、冬和初春的寒凉季节，增加日照时间，叶边会变成淡淡的粉色，控水时间久了整株会变粉色，仿佛娇羞女子白里透红的脸颊，惹人爱怜。雪莲的叶子不太好掰，最好在换盆、换土时一起进行，而且叶插出芽率比较低。繁殖以砍头和播种为主。

每次浇水量（单位：毫升）

	1月	2月	3月	4月	5月
250	●				
200		●	●		
150				●	
100					●
50					

雪莲这是黑腐了吗

叶片发黑的地方是从有伤口的地方开始的，应该是伤口没有完全愈合而受到了真菌的感染，是黑腐初期的症状。摘除发黑的叶片后，若茎秆颜色为粉红色，说明是正常的，真菌还未感染茎秆，这还可以挽救。将雪莲整株放入多菌灵溶液中浸泡 3~5 分钟，等晾干后再栽种，之后的两周里，每周喷洒一次多菌灵溶液继续杀菌。3 周左右有生长迹象的话就活了。提醒大家，在叶片有外伤的情况下，最好要避免淋雨或兜头浇水，避免高温暴晒，否则很容易黑腐死亡。

摘除发黑叶片并将整株放入多菌灵溶液中浸泡 3~5 分钟，能有效杀菌。

基础养护一点通

型种：	冬型种
光照：	明亮光照
浇水：	2 周 1 次
耐受温度：	5~35℃
常见病虫害：	黑腐

怎样养护才能使雪莲的白霜完美无瑕

首先，如果你对雪莲白霜的完整性要求非常高，那么建议你不要露养，露养风吹日晒，不仅有很多灰尘、杂物，而且露养有很多意外发生，比如被鸟啄、被风吹来的异物砸伤等，不仅霜粉很难保全，美观度也会大大降低。雪莲在室内养护，能大大降低霜粉被损害的概率，当然前提是你要管住自己的手，不要经常摸叶片，也不要两三个月就换盆。浇水最好沿盆边浇或浸盆，不要将水弄到叶片上。如果不小心弄到叶片上了，应及时用卫生纸吸干，还要小心不要直接接触叶片，更不要用力擦。基本上只要小心不碰雪莲，就能养出完美无瑕的白霜了。

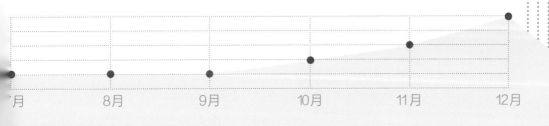

| 月 | 8月 | 9月 | 10月 | 11月 | 12月 |

芙蓉雪莲

（景天科拟石莲花属）

多种方式繁殖

叶插

砍头

分株

　　芙蓉雪莲是比较大型的石莲花品种，成株直径可达15厘米左右。叶片肥厚、宽大，先端圆润，叶表覆盖厚厚的白霜。夏季叶片灰绿色。秋冬季节，若光照充足，叶缘会泛红；若日照不足，叶片会比较细长，叶片底色变浅，而呈现出白霜的颜色。比雪莲强健很多，对水分不太敏感。植株根系健康的，春秋浇水见干见湿，夏季遮阴，稍微减少浇水量较好，比较容易度夏。长期露养的健康植株，夏季也可以继续露养，不过多雨天气要保证盆土不积水。新人需注意一点，虽然芙蓉雪莲生长速度比较快，但不要频繁给它换盆，每次换盆都要损耗它的营养，所以，一开始就要用比较大的盆来栽培。如果对生长速度没有要求的话，可以选择纯颗粒土，这样叶形和颜色更容易"虐"出来。颗粒土可选择3~6毫米的大小，土壤中的空隙多而密，有利于根系的生长。叶插繁殖掰叶片比较困难，最好结合换盆一起进行，成活率较低。

每次浇水量（单位：毫升）

250	200	150	100	50

1月　　2月　　3月　　4月　　5月

芙蓉雪莲底部叶片腐烂了，是怎么回事

叶片腐烂是夏季非常常见的现象，可能的原因有土壤水分过多、根系受损等。具体原因应根据日常的养护情况来推断。如果是刚刚浇了水，或者淋了雨，则是水分太多造成的，应清理枯叶和腐叶，加强通风。如果没有浇水，则可能是根系出现了问题，应整棵挖出来，检查根系，把病害的叶片及根系清理掉。多肉出现叶片腐烂的情况，也不一定就急着清理，情况不严重的，可以继续观察，如果两三天内没有更多叶片腐烂则可以维持原状。因为有时候叶片腐烂只是单纯的被挤压，非病理性的。

修剪根系时应将发黑的根系和毛细根去除。

基础养护一点通

型种：春秋型种

光照：明亮光照

浇水：3 周 1 次

耐受温度：5~35℃

常见病虫害：黑腐

芙蓉雪莲这样的根系还要再修剪吗

上图这棵芙蓉雪莲的根系还是有些多，应再修剪一下。主要是去除发黑的根系和毛细根，留下几根较为粗壮的根系即可。这里提醒一下新人，不要认为修根就是将根系齐根剪断，这样做会使植株服盆的时间变长。

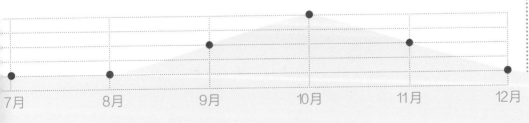

| 7月 | 8月 | 9月 | 10月 | 11月 | 12月 |

魅惑之宵

（景天科拟石莲花属）

多种方式繁殖

叶插　砍头

基础养护一点通

型种： 春秋型种

光照： 明亮光照

浇水： 2周1次

耐受温度： 5~35℃

常见病虫害： 无

也被称为"口红"，属于大型品种，直径可达 20 厘米。叶片呈锋利的三角形，叶面光滑，比较硬，背面突起微呈龙骨状，叶片先端急尖，叶缘常年有红尖或红边。秋冬等寒凉季节叶片底色会由翠绿转为金黄色或橙黄色，叶缘红边也会增多加深。魅惑之宵的叶形和株形都透露着阳刚之气，与一般的石莲花品种不同。喜欢温暖、凉爽、干燥的环境和透水性好、透气性好的沙质土壤。习性非常强健，脱土几个月，放置在阴凉处也不会死亡。夏季高温进入休眠状态时，需移至半阴处养护，控水并加强通风。春秋季可适当多浇水，只要植株生长状况良好，也可以适当淋雨。室内养护的则要避免在雨天拿出去淋雨，大环境的突然改变并不利于多肉生长。经过长期的合理控水后，魅惑之宵的株形会非常紧凑。冬季低于 5℃需要采取保温措施。主要的繁殖方式是叶插和砍头。

每次浇水量（单位：毫升）

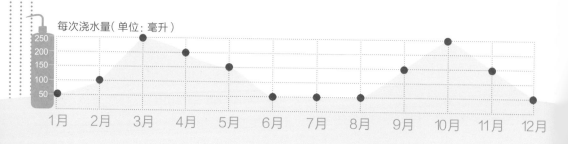

| 250 | 200 | 150 | 100 | 50 |

1月　2月　3月　4月　5月　6月　7月　8月　9月　10月　11月　12月

罗密欧

（景天科拟石莲花属）

多种方式繁殖

叶插　　砍头

基础养护一点通

型种：春秋型种

光照：明亮光照

浇水：2 周 1 次

耐受温度：5~35℃

常见病虫害：无

别名"金牛座"，属于大型品种。叶片三角形，叶尖锋利，叶面光滑有质感。在温差大、阳光充足的环境下，整株可呈现紫红色或鲜红色，叶尖乌黑，新生长出的叶片为浅绿色。罗密欧春夏季开花，聚伞状花序，小花钟形，橙红色，五瓣。喜欢温暖、干燥和阳光充足的生长环境，轻微耐寒，也可耐半阴。光照越充足，温差越大，叶片颜色越鲜艳，所以在温度允许的情况下，尽量放在室外养护。如果没有露养条件，室内需要增加通风，或摆放到阳光充足的位置。罗密欧在生长期可以适度施肥，坚持"薄肥勤施"的原则可以令叶片更加饱满，叶片数量逐渐增多，株形更大，观赏性更强。低于 5℃或者高于 35℃生长缓慢，室温维持 0℃以上，盆土干燥的情况下可以安全越冬。忌过度潮湿，浇水量可以大，但是必须保证盆土不积水。全年生长速度都比较慢，可以三四年不用换盆。繁殖方式主要是叶插和砍头，叶插成活率稍低。

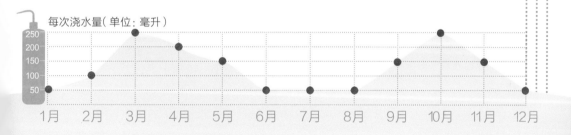

每次浇水量（单位：毫升）

250 200 150 100 50

1月　2月　3月　4月　5月　6月　7月　8月　9月　10月　11月　12月

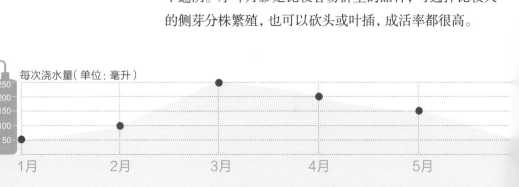

厚叶月影

（景天科拟石莲花属）

多种方式繁殖

分株

叶插

砍头

厚叶月影顾名思义，是叶片非常肥厚的月影系多肉。叶片匙形，先端比基部肥厚很多，先端圆钝，但有像毛刺一样的叶尖，常年青绿色，叶表有薄薄的白霜。深秋等寒凉季节，增加日照时长可令叶片颜色逐渐变黄绿色或黄白色，叶片通透度也会提高。厚叶月影喜欢温暖、干燥、阳光充足的环境，耐旱不耐寒，冬季低温谨防冻伤。春秋是主要生长季，有条件的可以露养，接受全日照养护，浇水见干见湿，这样厚叶月影会比较肥厚。因为叶片特别的肥厚，所以不需要浇太多水，浇水周期应比其他品种更长一些。夏季闷热天气要注意通风，并减少浇水量，注意保持盆土长时间干燥。至于是否需要遮阴要看当地的日照强度和植株的健壮程度，北方地区隔着一层玻璃养护也可以不遮阴。厚叶月影是比较容易群生的品种，可选择比较大的侧芽分株繁殖，也可以砍头或叶插，成活率都很高。

每次浇水量（单位：毫升）

	1月	2月	3月	4月	5月
250			●		
200				●	
150					●
100		●			
50	●				

什么样的配土适合养厚叶月影

厚叶月影的习性是喜干燥、通风环境，不耐水湿，所以配土最好透水、透气，可选择将泥炭土与颗粒土以 3:7 的比例混合。颗粒土可以选择火山岩、赤玉土、鹿沼土、煤渣等，透气性和保水性都比较适宜。无论怎样的配土都需要根据气候变化、花盆材质等安排好浇水频率，做到干透浇透，这样才能把厚叶月影养好。

厚叶月影长这么大的侧芽分株后能活吗

分株繁殖成活率是比较高的，前提是被剪下的植株是健康的成株。成株和幼苗没有明显的分界点，但是直径大于 3 厘米的侧芽分株后的成活率是比较高的。左图中这个侧芽还比较小，可以等它长大一些后再剪下来繁殖。非要这时候分株，若是春秋季，成活的概率还比较高，若是夏季或冬季，这几片叶子怕是还不等根系长出来就消耗完了。

基础养护一点通

型种：	春秋型种
光照：	明亮光照
浇水：	3 周 1 次
耐受温度：	5~35℃
常见病虫害：	无

厚叶月影的底部叶片都蔫了，怎么回事

夏季持续的高温天气，会让厚叶月影进入半休眠状态，生长停滞。这时候如果控水时间比较长，底部叶片就会被消耗掉，这是正常的，不用担心。如果搬入空调房，全天保持比较凉爽的气温，厚叶月影会恢复生长，浇水也可以勤一点，底部叶片就不会这样大量消耗了。

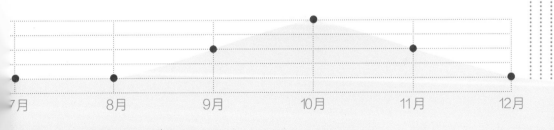

7月　　　8月　　　9月　　　10月　　　11月　　　12月

莎莎女王

（景天科拟石莲花属）

多种方式繁殖

叶插

砍头

分株

莎莎女王是非常受欢迎的月影系品种之一。叶子圆匙形，覆有较厚的白霜，叶片紧密排列成莲花座形。日常叶片为浅绿色，叶缘逆光稍有透明的冰边，这是月影系比较显著的特征。昼夜温差大的气候条件下，控制浇水可以让它的叶缘变粉红色，叶片更紧包。喜欢温暖、干燥、通风并且光照充足的环境。春秋是生长季，可接受全日照。夏季高温短暂休眠，需要遮阴并通风。这时候的浇水量要少，浇水间隔可适当缩短。冬季温度逐渐降低时，浇水量也要降下来，低于5℃需要保持盆土干燥，低于3℃还是室内养护比较保险。常年室内养护的莎莎女王需要注意土壤的颗粒配比，花盆宜选择大口径的，因为室内相对露养来说通风条件差，更容易导致叶片下垂。生长季保持盆土稍微干燥，切不可浇水过多造成盆土积水。繁殖方式主要有叶插、砍头、分株。不太容易群生，叶插是新人首选。

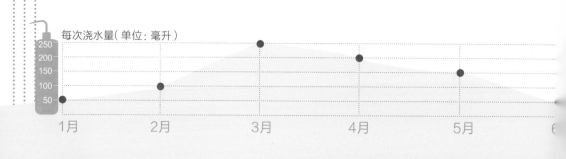

每次浇水量（单位：毫升）

250					
200					
150					
100					
50					

1月　　2月　　3月　　4月　　5月

莎莎女王叶片细长，如何养肥

如果阳光充足，莎莎女王还是养得叶片细长，那么就可能是水给得太多或太勤。比如经常用喷雾的方式浇水，叶片就比较薄，株形松散。浇水过勤，盆土底部始终处于湿润状态，莎莎女王也不容易养肥。养肥莎莎女王必须保证每天4小时以上的日照，土壤也要疏松透气，不容易板结，否则即便正常浇水，植株的根系也吸收不到水分，容易造成叶片干瘪、萎缩的情况。除此之外就是控水，两次浇水之间一定要让盆土有一段时间处于干燥的状态下，这样才能把叶子养肥，株形也会更紧凑。

莎莎女王中间有一片叶子化水了，要不要拔出来查看根系

新人往往在看到化水后就非常担心，生怕植株倏忽之间就丢了性命，总是在第一时间挖出来，检查根系、喷药等。其实，有时候多肉叶片化水并不是因为根系出了问题，可能是此处的茎秆出了问题，或者是一些不明原因造成的。所以，少数叶片化水时，不用急着将它挖出来，不然损伤了根系，植株健康状况就更加堪忧了。如果只是一两片叶子化水，周围叶片碰到也不会掉落，问题就不大，可以先放在通风处观察两天；如果情况稳定，没有继续恶化，那么就不用挖出来了。如果叶片化水速度加快，则应检查茎秆，或者挖出来修根、晾根。

基础养护一点通

型种： 春秋型种

光照： 明亮光照

浇水： 2周1次

耐受温度： 5~35℃

常见病虫害： 无

红边月影

（景天科拟石莲花属）

多种方式繁殖

叶插

砍头

分株

红边月影是和莎莎女王非常像的一个品种，叶片肥厚，日常为浅绿色，有薄薄的白霜。秋冬和早春日照充足的情况下，叶片会逐渐变成粉红色，与莎莎女王相比，更偏红色。喜温暖、干燥的环境，对土壤要求不高，耐干旱，不耐寒。适宜生长的温度在15~25℃，一般春秋生长速度较快，见干见湿的浇水，能够让植株根系充分吸收水分，也有利于其更好地呼吸。夏季高温需要注意减少浇水量，并适当遮阴。特别怕闷湿，夏季不通风容易黑腐。使用的栽培介质的保水性不要太强，太保水的土壤容易使红边月影叶片摊开，颜色不容易保持。冬季室内养护不能低于5℃，室外环境不稳定，建议尽早采取保暖措施。冬季养出状态的方法除了足够长的日照时间外，还有控水，冬季浇水间隔要根据具体环境而定。繁殖主要是叶插，成活率比较高，砍头操作起来不太容易。

每次浇水量（单位：毫升）

	250	200	150	100	50	
1月	2月	3月	4月	5月		

红边月影开花后如何授粉

授粉结种子需要不存在血缘关系的两株红边月影同时开花才行，也就是不能是同一棵红边月影繁殖的后代来授粉，也不能用一棵红边月影开的花相互授粉，同株授粉不结种子。用红边月影和别的品种开的花相互授粉，这样就能得到杂交品种的种子。一般要等到花苞完全打开两三天后，花粉明显爆开时授粉才好。授粉步骤很简单，两株开花的红边月影，各自掰掉花瓣连带雄蕊，剩下雌蕊的柱头，然后用一株的雄蕊花粉擦在另一株的雌蕊柱头上，确保柱头上沾满花粉。剩下的就交给时间好了。

红边月影和花月夜有什么区别

总有些新人在面对莲花座形的多肉时出现"脸盲症"，每一棵都是端庄秀丽的感觉，拥有出色的红边，一朵朵宛如莲花。花月夜和红边月影的区别主要是叶片的叶形、底色和红边，花月夜的叶片较细长，底色是比较厚重的绿色，红边颜色艳丽，且界限较清晰；红边月影的叶片较宽，叶先端钝圆，底色偏清新，红边是晕染的感觉，没有清晰的界限。

花月夜

红边月影

基础养护一点通

型种：	春秋型种
光照：	明亮光照
浇水：	2周1次
耐受温度：	5~35℃
常见病虫害：	无

红边月影一夜之间化水死亡了，是什么原因

短时间内整株化水死亡的情况，可能是淋雨或浇水过多，可能是根系受到真菌侵袭，也可能是高温闷热的天气通风不足。所以在夏季应注意多通风，少浇水。

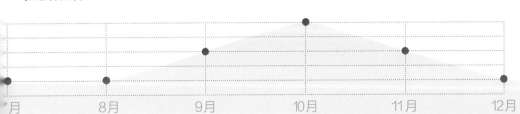

7月　　8月　　9月　　10月　　11月　　12月

冬季逐渐控水，并加强夜间的空气湿度，可让粉月影的颜色变得像果冻一样。

粉月影

（景天科拟石莲花属）

多种方式繁殖

砍头

分株

叶插

粉月影成株叶片层层叠叠，包裹起来特别美丽，是比较受欢迎的月影系多肉之一。相比莎莎女王和红边月影，粉月影叶片比较薄，叶缘红边偏粉色，是三者中最透的。喜欢温暖、干燥的环境和疏松透气的土壤，耐干旱，不耐寒。给予充足的光照，才能保持紧凑的株形。比较耐热，但夏季也需要遮阴。盛夏需要严格控水，并注意通风，通风不够也会导致植株叶片下垂。温差大的冬季控制浇水量，接受充分日照，就能养出好状态。春秋两季可选择早晚浇水；夏季最好晚上浇水，水温应接近室温；冬季应在温暖的午后浇水。土壤宜选用颗粒土和腐殖土7:3混合。如果粉月影在秋季生长速度较快的话，说明根系良好，从冬季开始，可以逐渐控水，并增加夜间的空气湿度，来让粉月影的颜色变得果冻起来。叶插出芽率比较低，新人首选砍头、分株的方式繁殖。

每次浇水量（单位：毫升）

	250	200	150	100	50	
1月						
2月						
3月						
4月						
5月						

如何提高粉月影叶插出芽率

大部分人用粉月影的叶片叶插，成活率都比较低，这与品种本身有关系。不过，想要得到更多粉月影的叶插苗，我们可以从能控制的因素来入手提高出芽率。空气湿度、温度对叶插能否出根出芽的影响比较大。适宜叶插出芽的温度在 20~25℃，空气相对湿度应控制在 40%~60%。在这样的环境下，还要避免阳光直晒，出芽前可以不用喷水。

基础养护一点通

型种：	春秋型种
光照：	明亮光照
浇水：	2 周 1 次
耐受温度：	5~35℃
常见病虫害：	黑腐

为什么我的粉月影叶片越长越短

这要分两种情况，一种是非常健康的，整株叶片都很短很饱满；另一种是不太健康的，只有新生的叶片短。前者是控水和增加日照后的正常表现，整体更精致也更肥美。如果不喜欢这种状态，想要植株个头更大一些的话，可以缩短浇水间隔，适当施肥。后者则是缺乏营养及日照造成的，新叶片生长不足，整体比例失调，严重影响美感。如果是这样，就需要给多肉换个阳光充足的地方来养护，并且应注意检查土壤是否板结，是否能够保水保肥，不行的话就换土。

粉月影在阳台淋了两天雨,底部的叶片化水了,怎么办

露养的环境最好装遮雨棚，以应对突发的恶劣天气。连续淋雨很容易导致黑腐、化水，这时候只能摘除化水叶片，在观察茎秆，如果叶片脱落的点是黑色的，那么必是黑腐无疑，应尽快砍头；如果叶片脱落的点是白的，还可以继续观察两三天。右图中这些化水叶片没有明显发黑，应该只是雨水淋多了，放置在通风处，尽快让土壤干燥应该就没问题了。

月   8月   9月   10月   11月   12月

红爪

（景天科拟石莲花属）

多种方式繁殖

叶插

砍头

分株

别名"野玫瑰之精"。叶片白绿色，被覆白霜，叶尖明显。温差大、阳光充足的环境下，叶尖会变红，但叶片基本不会变色，极少数人能养出整株粉红的状态。红爪是比较皮实的品种，生长速度也快，2年养成老桩不成问题。生长适宜温度为10~25℃，耐干旱，不耐寒。夏季高温达到35℃左右就要适当遮阴、通风。夏季不注意控水容易徒长，不过也可以在秋季选择砍头，让底座重新萌生小芽，塑造多头的群生造型。如果不喜欢砍头后的桩子，可以等红爪自然生长爆侧芽，一般两年左右能养成群生。冬季温度低于5℃应放在室内光照强的地方继续养护。红爪繁殖能力强，群生的红爪可以剪取较大的侧芽扦插繁殖，成活率很高。叶插也非常容易，很多叶片刚出芽时都是在生长点围成一圈，根从中间长出来，这时候可以把叶片竖立起来，用东西固定，给叶插苗更多的生长空间。

每次浇水量（单位：毫升）

	1月	2月	3月	4月	5月
250					
200					
150					
100					
50					

红爪黑腐后茎秆切开是这样的，还有救吗

从右图可以看到红爪黑腐后的样子，叶片黄化、腐烂，茎秆切开后是深黄色，新鲜切口有一部分是白色，一部分还是有些发黄的，发黄的地方还需要继续清除，直到茎秆都为白色时，才能让多肉得救。

基础养护一点通

型种：春秋型种

光照：明亮光照

浇水：2 周 1 次

耐受温度：5~35℃

常见病虫害：黑腐

黑腐后应彻底清除茎秆的深色部分，直到全部变白为止。

群生红爪有两个头黑腐了，没管它竟然没有死，是怎么回事

图中两个小头完全黑了，通常这种程度的黑腐是没有救的了。如果没有动手清理腐坏的叶片，也没有喷药，但没有死，这种情况可能只是高温造成的，植株根系完全没问题。某些情况下，发生黑腐也不用急着清理，可以多观察几天，说不定会有意想不到的结果呢！最保险的话，就是砍一个小头下来重新栽种，无论怎么样都还能为红爪"留后"。

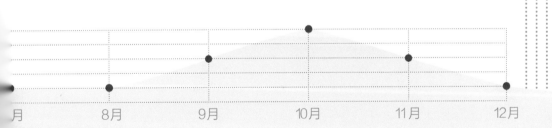

月　　　　　8月　　　　　9月　　　　　10月　　　　　11月　　　　　12月

懒人多肉一养就活

蓝石莲

（景天科拟石莲花属）

多种方式繁殖

叶插

分株

砍头

基础养护一点通

型种：春秋型种

光照：明亮光照

浇水：3 周 1 次

耐受温度：5~35℃

常见病虫害：黑腐

也称"皮氏石莲花"。市场上常见的有两种蓝石莲，一种称为"皮氏蓝石莲"，另一种为"皱叶蓝石莲"，区别就是后者叶片有明显褶皱。蓝石莲属于中大型的多肉，冠幅可达 10~15 厘米，叶片常年呈蓝白色，秋冬季节叶缘会变得粉红一些。蓝石莲属于比较皮实的品种，但缺光特别容易徒长，所以应给它尽可能长的日光照射，而且新手在养护时一定要少浇水，春秋两季可 20 天左右浇 1 次，夏季和冬季可 1 个月浇水 1 次，或者选择颗粒比较多的配土。叶插出根出芽率也比较高，掰叶片时容易掰断，应在盆土比较干燥时或在翻盆、砍头时进行。如果有好的露养环境，直接露养就能养出比较好的状态了。室内养护想要养出粉红色其实也比较容易，增加颗粒土比例，增加日照时长就可以了。如果想要叶片肥厚、粉嫩起来，就必须具备长日照、大温差和低温的外在条件，并且要严格控水。

每次浇水量（单位：毫升）

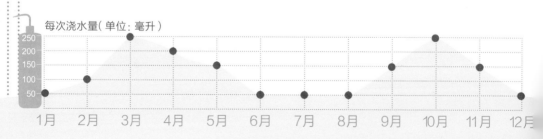

| | 1月 | 2月 | 3月 | 4月 | 5月 | 6月 | 7月 | 8月 | 9月 | 10月 | 11月 | 12月 |

增加日照时间能让叶片更紧凑,见干见湿地浇水可以让叶片更饱满。

鲁氏石莲花

（景天科拟石莲花属）

多种方式繁殖

叶插

播种

分株

砍头

基础养护一点通

型种：春秋型种

光照：明亮光照

浇水：2 周 1 次

耐受温度：5~35℃

常见病虫害：无

一种可狂野可小巧的石莲花,地栽时单头冠幅可达 15 厘米左右,而用小盆控养,则能维持 5 厘米左右的大小。叶片较宽大,而且白霜也比较厚。秋冬季节,叶缘可能会带一点粉色或黄色。生长速度比较快,容易群生。喜欢疏松、透气的土壤和温暖、干燥的环境,夏季高温有短暂休眠,冬季高于 5℃可安全过冬。充足的日照会使叶片更加饱满,春秋季可适度施肥,浇水应见干见湿。夏季 35℃以上需要遮阴养护,并适当控水,加强通风。连续的阴雨天气需要遮雨,雨过天晴后避免阳光暴晒,否则很容易被晒伤。应放置在通风且背光的地方,等植株适应高温后,再逐渐接受较强的日照。南方冬季需要注意防寒,可放在日照充足又背风的地方。或者可以搭建一个暖棚,能更安心地度过冬季。北方的朋友最好在气温接近 5℃的时候就搬入室内。鲁氏石莲花的繁殖能力强,叶插成活率比较高,砍头、分株也容易成活。另外还可以播种,但生长成成株的时间比较漫长。

每次浇水量（单位：毫升）

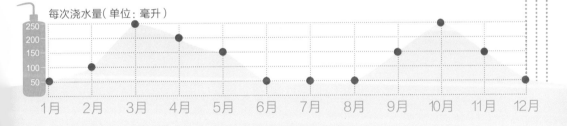

| | 1月 | 2月 | 3月 | 4月 | 5月 | 6月 | 7月 | 8月 | 9月 | 10月 | 11月 | 12月 |

懒人多肉一养就活

绮罗缀化

（景天科拟石莲花属）

多种方式繁殖

分株

绮罗缀化是非常好的品种，值得一养，无论春夏秋冬都能看到清新的颜色，或绯红或嫩绿，每一个季节都很美。叶片较薄，光照不足或在夏季是嫩绿色，其他季节光照充足，可转变为火红色。绮罗缀化的生长速度比一般植物快，容易形成扇子形或扁片形的茎秆。绮罗缀化习性强健，对水分不是特别敏感，夏季和冬季稍微控水即可，非常容易养活。春秋生长速度快，浇水应见干见湿，并给予全日照养护。绮罗缀化很少发生病虫害，植株自身抗病能力较强。绮罗缀化的颜色容易养出来，还非常容易保持。只要在阳光充足的地方养护，浇水见干见湿，春秋冬三季都能呈现出鲜艳的红色。冬季浇水后颜色会褪去一些，不过只要光照充足，颜色还会变红的。绮罗缀化的繁殖主要是分株，剪取一部分茎秆，晾干伤口后插入湿润的土壤中，大概半个月就能生根。叶插的繁殖方式不一定能保持缀化的形态。

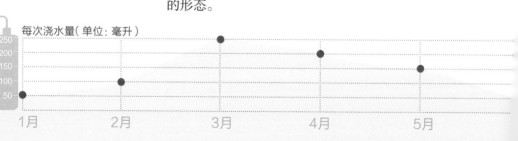

每次浇水量（单位：毫升）

	1月	2月	3月	4月	5月
250					
200			●	●	
150					●
100		●			
50	●				

为什么绮罗缀化的叶子叶插出来不是缀化

缀化的形态是生长点异常分生、加倍而形成的，并不属于基因变异，所以用叶片繁殖并不是每一个都能长成缀化形态的。想要繁殖缀化的形态，还是要剪取一部分带有缀化生长点的茎秆繁殖，这样才百分百能保持缀化的形态。

基础养护·点通

型种：春秋型种

光照：明亮光照

浇水：1 周 1 次

耐受温度：5~35℃

常见病虫害：无

这棵是缀化的绮罗吗

判断是否为缀化，可靠的方法就是看茎秆部位，一般缀化后的茎秆是扁片状或者鸡冠形的，这是非常容易判断的。没有缀化的绮罗茎秆是圆柱形的。当然也有不少缀化的绮罗同时存在两种茎秆。还有时候就像下图这种，还比较小，无论是否为缀化，茎秆都是圆柱形的。这时候可以从生长点的形态来判断，缀化的生长点形态是比较扁的，所以图上这棵应该是缀化的绮罗。

正常的绮罗能养成缀化的吗

一般正常养护情况下，绮罗变成缀化形态的概率很小。缀化的形成是由于外界刺激的缘故，但具体是什么原因还无从知晓，所以没有特别有效的方法能让正常形态的绮罗变成缀化形态。

缀化的绮罗侧面。

缀化的绮罗正面。

高砂之翁缀化

（景天科拟石莲花属）

多种方式繁殖

分株

高砂之翁的缀化形态，也被称为"红孔雀"。高砂之翁属于包菜系列的多肉，叶片宽大，叶缘具波浪形卷曲，但缀化的高砂之翁叶片没有那么大，叶缘波浪卷曲不明显，缀化后叶片数量特别多。高砂之翁缀化的叶色夏季为绿色，寒凉季节可变成粉红色。习性强健，喜欢日照充足、干燥、凉爽的环境，不喜大水大肥，栽培土壤需要具备较好的透气性和透水性，忌高温、水湿。生长期可以多浇水，土壤干透后浇透，生长速度快，老叶代谢也快，需要经常清理枯叶。夏季高温有短暂休眠，土壤干透后要少量给水。冬季低于5℃需要移至室内养护，户外养护的话需要保持盆土干燥。夏季和秋季的控水力度要掌握好，叶片较薄，不能控水时间太长，可以根据叶片干瘪程度判断是否要浇水。只有剪取部分带有缀化生长点的茎秆繁殖，才能保持缀化的形态。叶片叶插比较困难，常采取分株繁殖。

每次浇水量（单位：毫升）

	250	200	150	100	50

1月　　2月　　3月　　4月　　5月　　6

缀化后的高砂之翁养护上需要注意什么

高砂之翁是否缀化在养护上没有太大的区别，配土、浇水、施肥方面的养护都一样，需要注意的是，缀化后的高砂之翁叶片非常密集，所以夏季要特别注意通风；如果不注意通风，不注意叶片间的水珠，可能会使密集的叶片闷坏、腐烂。

高砂之翁缀化茎秆上有黑斑，叶子也掉了很多，还有救吗

左图中的叶片看起来很不健康，有很多黑色斑点，还有枯萎的叶片，需要用多菌灵溶液灌根和喷洒叶面，如果情况继续恶化，最好检查茎秆和根系，如果茎秆发现有黑色斑点，最好用美工刀挖掉。如果挖开后，茎秆还有许多黑色就需要清理干净，只保留绿色新鲜的茎秆，晾干后重新栽种。之后也需要喷洒多菌灵或百菌清溶液继续防治。

基础养护一点通

型种：春秋型种

光照：明亮光照

浇水：1周1次

耐受温度：5~35℃

常见病虫害：黑腐

高砂之翁缀化茎秆底部颜色不一样，是要黑腐了吗

一般老一些的茎秆颜色为褐色或深褐色，新长出的茎秆是嫩绿色。不过底部有一小块颜色比周围的更深，此处的根系也变黑了，可能是出现了腐烂，最好检查一下是否软化了，如果是硬的应该没问题，如果是比较软的应立即切除。

茎秆腐烂变软应立即切除。

8月　　9月　　10月　　11月　　12月

女雏

（景天科拟石莲花属）

多种方式繁殖

叶插

砍头

分株

　　女雏是比较小型的石莲花品种，单株冠幅约为4厘米，常见群生株，叶片卵圆形，先端急尖，叶片紧密排列形成非常漂亮的莲座状。夏季一般为绿色，秋冬颜色会转变为粉红色或红色。光照越充足，昼夜温差越大，叶片的色泽越鲜艳，不同条件下养出的颜色会有些许差别。喜温暖、干燥和阳光充足的环境，耐干旱，忌高温暴晒。女雏还算比较好养活的，配以疏松透气的沙质土壤，春秋浇水见干见湿，放置在阳光充足且通风处就能很好地生长。夏季生长缓慢，需要注意控水，减少浇水量。女雏非常容易群生，加之叶片密集，夏季的通风显得尤为重要，另外还要注意遮阴，长时间暴晒会让植株晒伤甚至整株叶片晒化水而死亡。南方冬季不低于5℃，保持盆土干燥就能安全过冬。女雏叶插非常容易成功，保持土壤湿润，一周内便可出根出芽，出根后要循序渐进晒太阳。砍头繁殖也比较简单，成活率非常高。群生的女雏也可以进行分株繁殖。

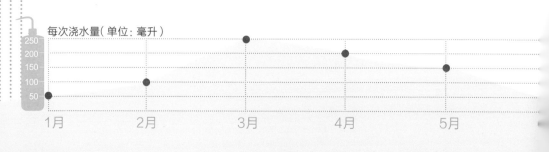

每次浇水量（单位：毫升）

	1月	2月	3月	4月	5月
250			●		
200				●	
150					●
100		●			
50	●				

女雏和花月夜有什么区别

女雏和花月夜还是很好区分的，首先在个头上，两者相差比较远，花月夜比女雏大一倍多。其次是叶形，女雏的叶尖突出，叶片明显细长，花月夜的叶片肥厚，叶片顶部明显比基部厚。还有就是颜色，大家可以仔细观察一下两者叶片的颜色，虽然都是绿色，但是女雏偏嫩绿色，而且有通透的感觉，花月夜颜色偏蓝绿色，质地不通透。

基础养护一点通

型种：春秋型种	
光照：明亮光照	
浇水：2 周 1 次	
耐受温度：5~35℃	
常见病虫害：无	

拜托别人照顾的女雏浇水太多，叶片化水了，还有救吗

浇水太多造成的化水如果及时发现，还是能挽回损失的。像右图中这样，只是一两片叶子化水，先别急着把植株挖出来，摘掉化水的叶子，然后用电风扇增加通风，使土壤快速干燥，可以避免更多叶片化水。如果这样土壤还不能干燥，可连土壤一起脱盆，尽量避免损伤根系，然后放在通风、阴凉处晾干。之后，如果叶片不再继续化水，可以重新放入花盆中，正常养护。

刚买回来的女雏，如何度过缓盆期

刚上盆的女雏，应注意土壤要保持一定的湿度，放在荫蔽的地方，不能连续喷雾，也不要放在阳光充足的地方，这样可以促进植株尽快生根。生根后可以拿到光线比较柔和的半阴环境养护，如果土壤干透了，可以浇花盆容积 1/3 的水，等这次土壤干燥后就可以浇透一次。如果植株生长明显，就可以逐渐移到阳光直射的地方。春秋季节大概 1 周能服盆，夏季和冬季大概半个月能服盆，也有的时候因为植株或土壤的问题，服盆时间稍有延长。

7月　　　8月　　　9月　　　10月　　　11月　　　12月

懒人多肉一养就活

织锦

（景天科拟石莲花属）

多种方式繁殖

叶插

砍头

分株

织锦是好看又好养的品种，叶片先端呈三角形，浅绿色，叶缘有不规则小褶皱或凸起，辨识度非常高。寒凉季节光照充足的情况下，会呈现出轮廓清晰的鲜红色叶缘。光照不足，颜色容易退化，甚至整株变成浅绿色。喜欢温暖、干燥的养护环境，可接受全日照。对水分不是特别敏感，幼苗和成株浇水多点少点都没有太大问题，老桩需要注意控制浇水量。春秋两季浇水见干见湿，接受全日照养护，可避免叶片下垂。老桩养护要特别注意夏季通风，减少浇水量，否则老桩木质化的茎秆容易萎缩、腐烂。织锦是比较容易养出好状态的，只要注意多晒太阳，使用透水、透气的土壤栽培，配合适当的控水就可以了。叶插成活率极高，而且容易出多头。不过小苗娇嫩，养护过程中一定要避免强烈的日照，初夏时，一不小心小苗就会被晒化水。徒长的植株可以进行砍头或分株，既能多繁殖，又能重塑株形。

每次浇水量（单位：毫升）

| | 250 | 200 | 150 | 100 | 50 |

1月　　2月　　3月　　4月　　5月　　6

织锦和月光女神有什么区别

月光女神和织锦都属于很美的"红边边"多肉，很多新人对这些类似的品种完全脸盲，不知道如何区分。这里告诉大家一个织锦非常特殊的地方：叶边有不规则褶皱。而每一棵织锦的褶皱程度不大相同，有的褶皱比较多而深，一眼就能辨认出来，有的则需要你细心观察。月光女神叶片是光滑的，叶边的红色比织锦的艳。而且大部分月光女神的生长点是扁的，整株的莲花形状偏扁圆，而织锦则是正圆形的。

月光女神

织锦叶插为什么一直没有动静

织锦叶插非常容易出根或出芽，如果选择的叶片没有问题，那么生根生芽只是时间长短的问题。图中这几片叶子看起来比较饱满，部分叶片带有旧伤，但这不影响叶片出根、出芽。如果冬季叶插了半个月还没有什么变化，那是你太心急了。当然，有时候叶片不出根出芽还跟你的养护方法不当有关系。叶插前期需要比较高的空气湿度，以50%~80%为宜，气温以20~25℃比较适宜，所以，如果叶片长时间不出芽或不出根，那么建议放在湿润的土壤上，并加盖一层塑料薄膜，增加温度和空气湿度。出根前应放置在较为荫蔽的地方，避免阳光直射。

基础养护一点通

型种：	春秋型种
光照：	明亮光照
浇水：	2 周 1 次
耐受温度：	5~35℃
常见病虫害：	无

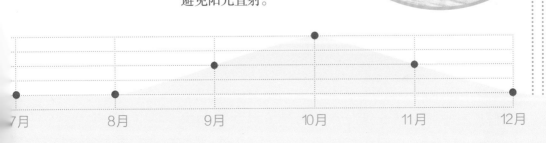

广寒宫在秋冬季节
出状态是叶缘粉红
色，叶片雪白，有仙
子的感觉。

广寒宫

（景天科拟石莲花属）

多种方式繁殖

播种

砍头

分株

属于大型的多肉品种，单头成株可达30厘米。广寒宫宽大、被厚粉的叶片非常有辨识度，覆盖在叶片上的完美白霜在粉色叶缘的衬托下，显得仙气十足。广寒宫习性强健，耐高温也耐旱、耐寒。长期露养的健康植株，在通风良好的情况下，夏季可以不用遮阴，冬季0℃以上可以安全越冬。浇水遵循见干见湿的原则，夏季注意通风和适度控水就行。广寒宫喜欢充足的日照，日照不足叶片会变得细长，白霜也比较薄。充足的日照和适度的控水可以令叶片宽、短且肥厚，不会徒长。土壤的颗粒比例可以稍微大一些，有利于控形。秋冬季节一定要给予广寒宫最长时间的日照，在温差大的情况下，整个叶片都可能呈现出淡淡的粉红色。广寒宫叶片纤薄，不容易叶插，而且自然生长很难长侧芽，所以繁殖一般靠播种和砍头。新手繁殖最好采用砍头的方式。

每次浇水量（单位：毫升）

250 200 150 100 50

1月　2月　3月　4月　5月

播种的广寒宫小苗有些徒长了，怎么办

播种小苗略微有徒长不要紧，稍微多晒一会儿就可以了，注意不要在太阳光强烈时晒，最好半小时半小时地增加日照时间。可以选择东向阳台或者北向阳台来养播种小苗。

广寒宫的叶片会自然消耗变干枯。

广寒宫底部几片叶子先端干枯，是什么病害

这种状况的干枯并不是病害，这是正常的消耗。如果你善于观察，你会经常看到广寒宫的一片叶子一半是完好的，一半是干枯的。

广寒宫好像黑腐了，怎么办，是什么原因造成的

叶片发生黄化，而且叶面有明显的黑斑，是黑腐了。不过，如果情况不算严重，可以摘掉腐坏的叶片，然后用多菌灵溶液喷洒、灌根，连续3次，每3~5天1次。造成黑腐的原因可能是淋雨或浇水过多，也可能是叶片本身有伤口，还有可能是高温闷热的天气导致的。

基础养护一点通

型种：春秋型种
光照：明亮光照
浇水：2周1次
耐受温度：5~35℃
常见病虫害：黑腐

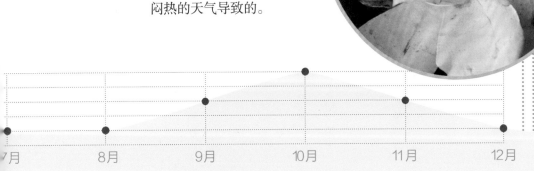

7月　　8月　　9月　　10月　　11月　　12月

蓝姬莲

（景天科拟石莲花属）

多种方式繁殖

砍头　分株

叶插

基础养护一点通

型种：春秋型种

光照：明亮光照

浇水：2周1次

耐受温度：5~35℃

常见病虫害：黑腐

姬莲家族有很多品种，而且大部分价格都比较贵，蓝姬莲是比较受欢迎的，属于小型品种，冠幅在4厘米左右，容易群生。叶片长匙形，蓝色或蓝绿色，叶尖明显。寒凉季节，适当控水和长日照能够令叶片包裹起来，叶边红色也非常鲜艳。蓝姬莲喜欢阳光充足、干燥、温暖的环境。土壤选择既要透水、透气，还要有一定的保水性。栽培介质的颗粒应有大有小，方便根系生长，又能够透气。因为植株比较矮小，铺面用颗粒也不要选择直径太大的。推荐使用颗粒直径在5~8毫米之间的铺面土，颗粒之间的空隙较多，透水和透气性都很好。春秋两季浇水要遵循"不干不浇，浇则浇透"的原则，避免盆底部积水。浇水注意水量不要太大，生长状况良好的也可以淋雨，不过雨过天晴应注意通风。夏季需要适当遮阴，注意控水和通风。冬季减少浇水量，尽量让日光直射，可保持较好的株形。适当控水可以令叶片更厚实，长时间的日照则会令蓝姬莲的颜色更加鲜艳。蓝姬莲的叶片不容易摘，摘叶片要小心，而且叶插出根出芽率不高，主要以分株、砍头的方式繁殖。

每次浇水量（单位：毫升）

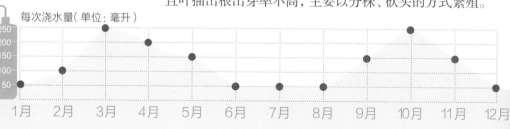

250　200　150　100　50

1月　2月　3月　4月　5月　6月　7月　8月　9月　10月　11月　12月

蓝鸟

（景天科拟石莲花属）

多种方式繁殖

砍头 分株

叶插

基础养护一点通

型种：春秋型种

光照：明亮光照

浇水：2周1次

耐受温度：5~35℃

常见病虫害：黑腐

叶片宽匙形，纤薄，覆盖有很厚的白霜，叶片紧密排列成莲座状。生长季的蓝鸟大多是淡蓝色偏白，日照充足的寒凉季节叶片叶色会转换为淡粉色，有的变色不明显。习性较为强健，喜欢干燥、凉爽和日照充足的环境，耐旱，不耐寒。对水分需求比较多，春秋浇水量可以大一些，如果植株缺水会表现在叶片上，底部叶片会出现褶皱或变薄。对日照需求也比较多，半阴的环境养护几天后叶片就会下垂，所以春秋季节最好全日照养护。夏季天气炎热后需要遮阴，并减少浇水量，使两次浇水之间盆土保持适度干燥。因为叶片有厚厚的霜粉，蓝鸟比较耐晒，可以比别的品种稍晚一些遮阴。冬季低温需要注意防止冻害的发生，早些搬入室内养护比较好。浇水也应见干见湿，看到底部叶片褶皱后再浇水。繁殖方式主要是叶插和砍头、分株，叶插成活率稍低一些，砍头、分株成活率高。

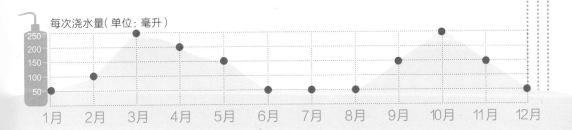

每次浇水量（单位：毫升）

250 200 150 100 50

1月 2月 3月 4月 5月 6月 7月 8月 9月 10月 11月 12月

锦晃星
(景天科拟石莲花属)

多种方式繁殖

砍头

分株

别名"茸毛掌",叶片表面有一层茸毛,手感非常好。生长季为绿色,秋冬等寒凉季节可以转变为红色。喜温暖、干燥和阳光充足的环境,不耐寒,耐干旱和半阴,忌积水。夏季的高温会让它处于休眠状态,底部叶片枯萎速度比较快,这是正常现象。待秋季气温下降后就会恢复生长,叶片边缘也会呈现晕染似的红色,非常漂亮。锦晃星对水和肥的需求不大,所以养护切忌大水大肥。生长旺盛时可以适量施用薄肥,浇水见干见湿。夏季休眠应减少浇水,注意通风;冬季低温应保持盆土干燥,水分过多根部容易腐烂。冬季低温时,温差越大叶片呈现红色的部分也越大,这时候浇水应选择晴天的午后,并注意通风情况。如果通风不良,会造成水分蒸发慢,盆土长时间的潮湿容易导致叶片褪色、茎叶徒长、毛色缺乏光泽等。另外,在上盆、换盆时应尽量不要弄脏叶片,带茸毛的叶子非常难清理,可以用小刷子刷并用水冲洗。叶片叶插出芽率不高,主要靠砍头、分株繁殖,开花后的花箭也可以剪下来扦插,成活率较高。

每次浇水量(单位:毫升)

250
200
150
100
50

1月　　2月　　3月　　4月　　5月

锦晃星开花了，什么时候剪下来繁殖比较好

利用锦晃星的花箭繁殖，需要等到一部分花朵开花时，挑选比较健壮的花箭，这样繁殖成活率会提高很多。若只有花苞，证明刚刚开始抽花箭，这时候还早，还要再长一阵子。若如下图，花朵已开放，花箭也很健壮，就可以剪下来扦插了。

锦晃星开花后叶片越来越少是怎么回事

多肉开花时都是非常消耗养分的，为了供应开花，多肉的叶片会将叶片的营养优先供给花朵，所以叶片会逐渐干枯。如果土壤板结或者浇水太少，叶片消耗的速度会更快。如果叶片消耗太多，还是建议剪掉花箭，让植株恢复生长，多肉植株的品相才能保持住。

淋了一场雨，锦晃星的叶子都快掉光了，怎么办

基础养护一点通

型种：春秋型种
光照：明亮光照
浇水：2周1次
耐受温度：5~35℃
常见病虫害：黑腐

锦晃星长时间淋雨会导致土壤水分太多，根部呼吸困难，叶子一碰就掉，但这时候大多还是非常健康的叶片，没有化水，没有黑腐，这种情况下，只需要避免淋雨，加强环境通风，很快就能恢复过来的。如果掉落的叶片出现化水或黑色腐烂，那就可能是黑腐了，在保证环境通风后，还要喷洒多菌灵溶液。

若茎秆健康，掉叶后茎秆还会长新叶。

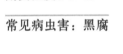

| 月 | 8月 | 9月 | 10月 | 11月 | 12月 |

白闪冠叶片常年绿色，喜阳光和透气的沙质土壤。

白闪冠

（景天科拟石莲花属）

多种方式繁殖

砍头

分株

白闪冠和锦晃星一样，叶表被白色茸毛，但茸毛更长、更明显，叶片常年绿色，顶端会变褐色。喜欢阳光充足的环境和疏松透气的沙质土壤。春秋季节生长迅速，浇水可见干见湿。夏季生长速度略慢，可以等叶片向内包裹时再浇水。若气温连续超过30℃就需要注意遮阴，闷热的天气应加强通风，自然环境通风差的，可以用电风扇增加空气流动，不然在长时间闷热的环境下养护，白闪冠容易掉叶子。冬季低于5℃需要搬入室内养护。露养的话可以淋雨，但应注意降雨量是否过大，雨后要清理叶片上的水珠，不然太阳出来茸毛非常容易被晒伤。叶片茸毛是否干净在很大程度上影响着白闪冠的品相，所以，白闪冠最好铺面，不然泥水溅到叶片上会非常难看，而且比较难清理。叶插出芽率不高，通常是采取砍头、分株的方法繁殖，花箭也可以用来扦插繁殖。

每次浇水量（单位：毫升）

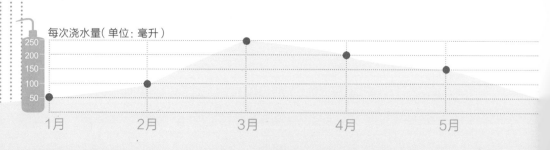

	1月	2月	3月	4月	5月
250					
200					
150					
100					
50					

白闪冠叶片长了铁锈似的斑点，是什么病

植株出现大块锈褐色病斑，可能是患上了锈病，建议用 12.5% 烯唑醇可湿性粉剂 2 000~3 000 倍液喷洒。另外，出现铁锈斑点也有可能是光照太强造成的晒伤，应注意避光、通风。判断是锈病还是晒伤需要多观察几天，锈病会出现叶片干枯脱落的现象，而晒伤不会。锈病很多时候是从茎秆部位开始蔓延的，也可以检查茎秆部位，没有锈斑的就只是晒伤了。

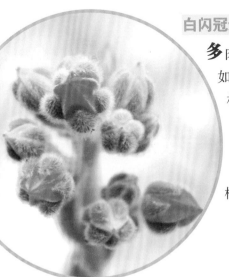

白闪冠这样好几天了，就是不开花，怎么办

多肉开花的过程是非常慢的，需要你耐心等待。如果植株本身叶片较多，底部叶片没有迅速干枯，基本不用特别护理，只是在浇水时多浇一些就可以了。如果植株本身叶片不多，底部叶片代谢还非常快，可以剪下花箭，插入水瓶中继续观赏。剪下的花箭就会像普通的鲜花一样继续开放。

基础养护一点通

型种：春秋型种

光照：明亮光照

浇水：1 周 1 次

耐受温度：5~35℃

常见病虫害：锈病

白闪冠茎秆变黑了，怎么办

茎秆变黑不一定就是病害，首先要观察茎秆是否萎缩、变软，有这两种情况的就需要砍头，保留茎秆还很硬挺的部分，重新栽种。有时候，新人往往看到茎秆变黑就砍头，这是不对的，生长多年的白闪冠茎秆会逐渐木质化，木质化的茎秆也会变成黑色或深褐色，但用手捏茎秆非常硬，这种是非常正常的。所以，发现茎秆变黑后先别急着砍头哦！

| 7月 | 8月 | 9月 | 10月 | 11月 | 12月 |

酥皮鸭

（景天科拟石莲花属）

多种方式繁殖

砍头

分株

叶插

不同于一般拟石莲花属莲花一样的外形，酥皮鸭植株多直立生长，枝丫比较多，可长成小树的样子，叶片比较小，先端肥厚，叶尖明显，在枝头紧凑地形成小小的花形。一般情况下叶片是绿色或深绿色的，秋冬寒凉季节，叶缘会变红，叶片底色也会变成似油酥的黄色，也有的只能养到底色深绿、叶缘和叶背深红色。喜欢温暖、干燥和阳光充足的环境。疏松、透气的栽培介质能让它更好地生长，透水、透气性好的土壤能更容易养出好状态。习性强健，生长期可保持土壤微湿，避免积水。度夏没有太大压力，适当遮阴，浇水量减少即可安然度夏。冬季可严格控水，在盆土干燥的情况下能耐零下2℃左右的低温，这是指室内温度，露天环境还是要在5℃时就采取保温措施。酥皮鸭自然生长会分生很多枝干，可以剪取这些枝干插入土壤中繁殖，生根后生长速度很快，叶插也可以，但是生长比较缓慢。

每次浇水量（单位：毫升）

	1月	2月	3月	4月	5月
250					
200					
150					
100					
50					

为什么酥皮鸭秋冬的颜色不鲜艳，总是暗红色

影响多肉植物上色的因素主要是日照和低温，既然能够上色，说明日照和低温的条件还是具备的。至于能养出什么样的颜色，主要是取决于日照的强度。一般来说，室外露养的多肉植株直接暴露在阳光下，颜色通常会浓烈一些，室内养护的，因为玻璃窗的阻隔，日照强度稍弱，颜色会浅一些、柔和一些。露养环境养护的酥皮鸭颜色本身较重，如果还比较暗沉的话，应该是控水太严重，植株内部水分较少，这时候可以试试减弱日照的强度，稍微加大浇水频率，这样叶片中的叶绿素就会增多，颜色会慢慢转变为较为清新的颜色。

酥皮鸭的茎秆变软了，还能活吗

看图中一株酥皮鸭已经歪倒了，而且枝干上半部分气根已经长了很长，这棵的茎秆肯定是腐坏了，应砍头，保留到长气根的部分。茎秆上长的气根说明底部的茎秆已经无法为植株输送水分和养分了，这些气根就是为了"自救"长出来的。旁边那棵的茎秆上也长了气根，应检查茎秆和根系。如果同盆的植株都出现这种现象，可能是浇水不及时或土壤保水性不够好，让土壤过分干燥了。

茎秆若如图一般，应及时砍头救助。

基础养护一点通

型种：春秋型种

光照：明亮光照

浇水：2 周 1 次

耐受温度：5~35℃

常见病虫害：黑腐

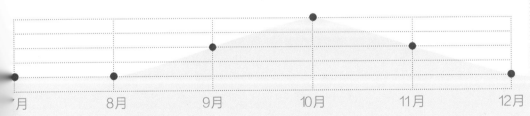

月　　8月　　9月　　10月　　11月　　12月

景天科青锁龙属

火祭

（景天科青锁龙属）

多种方式繁殖

砍头

分株

火祭大概是很多人第一次入手的品种，因为它美丽好养，还很便宜。夏季为绿色，秋冬和初春能够整株变成火红色，非常亮眼。喜温暖、干燥和半阴的环境，耐干旱，怕积水，忌强光。多年生长可形成垂吊型。火祭极好养，对水分不敏感，对土壤也要求不高，纯营养土能活，纯河沙也能活。全年不施肥生长速度也很快，春秋施薄肥可使叶片更宽大肥厚，观赏价值更高。繁殖方式主要是砍头和分株，砍头后的底座会从多个叶片基部生出侧芽，长成满满一盆"红红火火"的造型，很适合过年摆放。对于火祭完全可以采取粗放式的管理，全露养是最好的，自然的气候就能把它们塑造得很美。如果有一段时间都是阴雨连绵的天气，就需要让它们避避雨了，以免长期泡在水里，被真菌寄生而腐烂。室内养护应注意通风，等底部叶片变软后再浇水。

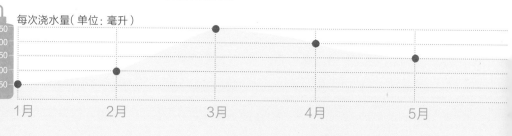

每次浇水量（单位：毫升）

| | 250 | 200 | 150 | 100 | 50 |

1月　　2月　　3月　　4月　　5月

火祭要开花了，会不会死

火祭的花箭是从中心点生长出来的，花星状，白色，非常素雅。严格来说，火祭开花并不会死，死的只是开花的部分，开花后那部分的茎秆会逐渐枯萎，然后在底部生出很多小芽来。因此火祭开花不用担心整株死亡。

给火祭施肥了还长得又长又细，怎么办

一般火祭是不需要施肥的，只要光照充足，浇水见干见湿，秋冬季节火祭的叶片就会比较肥厚而且火红。施肥的前提是具备每天 4 小时以上的光照，如果光照不足，施肥只能令火祭的叶片更长更窄，还容易增加徒长趋势。所以说，施肥并不一定都能长得又肥又壮，关键还是光照充足。

充足日照和大温差，可令火祭由绿变红。

基础养护一点通

型种：夏型种

光照：明亮光照

浇水：2 周 1 次

耐受温度：5~35℃

常见病虫害：无

| 7月 | 8月 | 9月 | 10月 | 11月 | 12月 |

懒人多肉——养就活

钱串

（景天科青锁龙属）

多种方式繁殖

砍头　分株

基础养护一点通

型种：春秋型种

光照：明亮光照

浇水：1 周 1 次

耐受温度：5~35℃

常见病虫害：无

小型迷你多肉植物，叶片卵圆状、先端三角形，肉质，上下叠生，两片叶子围绕茎秆生长，这样的形象好像被串起来的铜钱，它的名字就是这么来的。幼嫩的钱串茎秆为肉质，种植久了或者控水比较严格会稍木质化。钱串夏季通常为浅绿色，春季、秋季、冬季阳光充足，叶缘都可能变红。钱串开花非常美丽，星星点点的粉红色小花在枝头开满满的一簇。钱串喜欢干燥、温暖、日照充足的环境和疏松透气且排水性良好的土壤。钱串的养护也很简单，春秋可每周浇水 1 次，每次浇透，有条件的话最好接受全日照，还可以每月施肥 1 次。夏季来到后，连续几天最高温度高于 30℃时，应注意遮阴，浇水量应减少，避免淋雨。室内养护的应加强通风，尤其空调房应在晚上开窗通风。常用的繁殖方法为砍头、分株，剪取一段茎秆埋入土中，不久就能生根。也可以将两片叶子一起取下进行叶插，但成活率稍低。

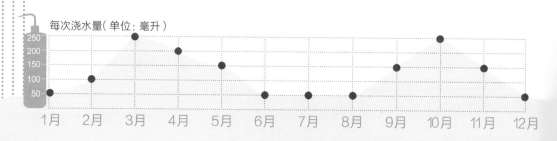

每次浇水量（单位：毫升）

	1月	2月	3月	4月	5月	6月	7月	8月	9月	10月	11月	12月
250												
200			●							●		
150				●	●						●	
100		●							●			
50	●					●	●	●				●

十字星锦

（景天科青锁龙属）

多种方式繁殖

砍头　分株

基础养护一点通

型种：春秋型种

光照：明亮光照

浇水：1周1次

耐受温度：5~35℃

常见病虫害：无

　　肉质叶较薄，两片叶子围绕茎秆对生，上下两层叶子呈十字交叉状生长，生长季叶片为灰绿至浅绿色，叶片两边有黄色的斑锦，中间为绿色，光照充足且温差较大的寒凉季节黄色斑锦会变粉红色。在晚秋和早春温差大的时候叶缘红色尤为明显。青锁龙属的多肉开花都是一簇簇的开在枝头，十字星锦花为米黄色。喜欢温暖、干燥、日照充足的环境，对土质要求是透水透气、不易板结，耐旱，不耐高温、水湿。春秋浇水见干见湿，保证每天4小时日照，如果日照不足，叶片间隔会增大，茎秆细弱。夏季高温时会有短暂休眠，要严格控水，适当遮阴。天气湿热的地区最好选用透气性较好的红陶盆，避免盆土过于闷湿，以防腐烂死亡。冬季可给予最长的日照，注意预防低温冻害。繁殖方式主要是砍头、分株，最好在春秋季进行，成活率比较高。

每次浇水量（单位：毫升）

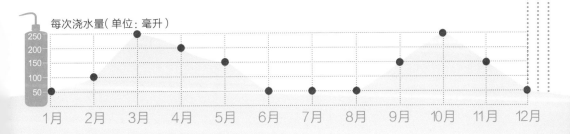

250	200	150	100	50								
1月	2月	3月	4月	5月	6月	7月	8月	9月	10月	11月	12月	

只要阳光充足，小米星的状态就比较好，不会徒长，也不会特别绿。

小米星

（景天科青锁龙属）

多种方式繁殖

砍头

分株

叶插

迷你型多肉，叶片交互对生，三角形，植株直立生长，容易产生分枝，多年生枝干会木质化。一般春季和秋季开花，花色白，星状，簇生，常常开满枝头，绚丽又不失清新。小米星习性强健，适应性非常强，纯泥炭土和纯颗粒土都能养活，应根据自己的环境进行选择。小米星对水分不太敏感，浇水多一些也不会出问题，茎秆木质化的植株除外。喜欢全日照，适应露养环境的小米星夏季都可以不用遮阴，只要适当控水，注意通风就能轻松度夏。春秋生长季节可以随意浇水，保证盆土不积水就行了。是非常好养，也非常容易养出状态的品种。一般剪下顶部枝条进行繁殖。叶插也能成活，但摘叶子的方式和大多数多肉不同，需要将一对叶片同时剪下，新生的根和芽会从一对叶子中间长出来。

每次浇水量（单位：毫升）

	1月	2月	3月	4月	5月
250					
200					
150					
100					
50					

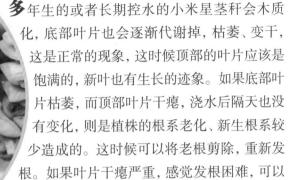

小米星底部茎秆和叶片不断干枯，怎么回事

多年生的或者长期控水的小米星茎秆会木质化，底部叶片也会逐渐代谢掉，枯萎、变干，这是正常的现象，这时候顶部的叶片应该是饱满的，新叶也有生长的迹象。如果底部叶片枯萎，而顶部叶片干瘪，浇水后隔天也没有变化，则是植株的根系老化、新生根系较少造成的。这时候可以将老根剪除，重新发根。如果叶片干瘪严重，感觉发根困难，可以将茎秆插入水中，使其充分吸收水分、叶片变饱满后再发根。

基础养护一点通

型种：春秋型种

光照：明亮光照

浇水：1周1次

耐受温度：5~35℃

常见病虫害：无

小米星怎么养会比较快爆盆

小米星的生长速度是比较快的，每一个生长点生长一段时间就会自然分生出两个生长点，然后这两个生长点会分生出四个生长点……小米星的头数是以几何倍数增长。所以，小米星爆盆不需要人为地"打顶"，而只需要给它充足的日照、肥沃的土壤和适宜的温度，它很快就能爆盆。充足的日照是植株生长的前提，日照时间越长对小米星生长越有利。用肥沃的泥炭土和颗粒土混合搭配的介质来养小米星，既能为植株提供营养，也不至于让水分过多而导致烂根。春季和秋季是小米星迅速生长的季节，这时候是把它养爆盆的好时机。

弄不清小米星和钱串，怎么区分

小米星和钱串非常相似，主要区别是叶片的形状，两个品种的叶片都是交互对生，但小米星的叶片先端更尖，像是小鸟尖尖的喙，钱串叶片先端虽有尖，但比较圆润。株形紧凑的小米星还是能看到三角形的叶尖的，而株形紧凑的钱串看起来则是圆圆的。

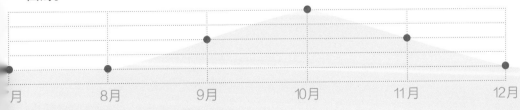

| 8月 | 9月 | 10月 | 11月 | 12月 |

懒人多肉一养就活

筒叶花月

（景天科青锁龙属）

多种方式繁殖

砍头　分株

基础养护一点通

型种：春秋型种

光照：明亮光照

浇水：2 周 1 次

耐受温度：5~35℃

常见病虫害：无

别名"吸财树"，因叶片截面形似马蹄，所以又叫"马蹄角"，整个叶子形状和怪物史莱克的耳朵极为相似，是中大型多肉品种。肉质叶筒状，顶端呈斜的截形，截面通常为椭圆形，植株多分枝，叶片在茎或分枝顶端密集生长。筒叶花月叶片多为绿色，有蜡质光泽，春秋冬三季阳光充足时叶片先端颜色会逐渐加深，从微黄到红色到深红色。如果是多年栽培的、枝干茂盛的植株会更美丽。习性强健，喜欢温暖、干燥和阳光充足的环境，极耐旱，稍耐半阴，除盛夏高温时要避免烈日暴晒外，其他季节都要给予充足的光照，这样其叶片才会出色。夏季休眠期需要注意控水，保持养护环境良好的通风，防止烂根。不耐寒，所以冬季一定要早些拿到室内，以防止突然降温冻死。叶插、砍头、分株等方法都可以繁殖，但是叶插生长速度比较慢。

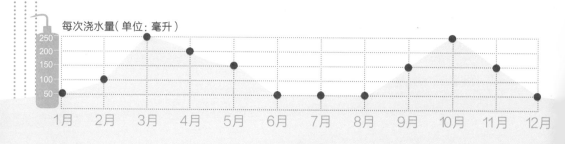

每次浇水量（单位：毫升）

250　200　150　100　50

1月　2月　3月　4月　5月　6月　7月　8月　9月　10月　11月　12月

花月锦

（景天科青锁龙属）

多种方式繁殖

砍头　分株

基础养护一点通

型种：春秋型种

光照：明亮光照

浇水：2周1次

耐受温度：5~35℃

常见病虫害：无

花月锦是斑锦变异品种，斑锦分布不规则，属于中大型植株，叶片卵圆形，扁状，叶色黄、绿两色，带有红边，有的整片叶子都是黄色的。每年3月是花月锦最漂亮的时候，天气寒冷，温差大，日照充足，这些都会让叶片颜色变得金灿灿的，观赏性非常高。喜欢温暖、干燥、阳光充足的环境，耐干旱，耐贫瘠，不耐寒，忌积水。土壤的选择比较多，煤渣配园土可以养活，纯麦饭石也能养活，只要不长时间积水、浸泡，一般都不会死亡，对水分不是特别敏感。除夏季高温需要适当遮阴外，其他季节可以全天都晒太阳，这样植株的茎秆会比较粗壮。一年四季浇水都可以见干见湿，夏季和冬季可适当延长浇水周期。南方温暖地区，地栽的老桩植株在长期控水的情况下可以安全过冬。如果是较小的植株或北方地区养护，则需要在温度低于5℃时注意保暖。最常用的繁殖方法是砍头、分株，叶插出芽率很好，但是生长速度比较慢。

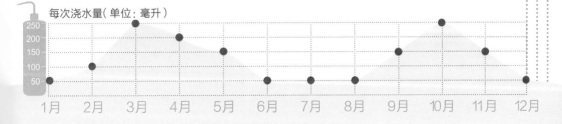

每次浇水量（单位：毫升）

| | 1月 | 2月 | 3月 | 4月 | 5月 | 6月 | 7月 | 8月 | 9月 | 10月 | 11月 | 12月 |

懒人多肉一养就活

若歌诗

（景天科青锁龙属）

多种方式繁殖

砍头　分株

基础养护一点通

型种：**春秋型种**

光照：**明亮光照**

浇水：**2周1次**

耐受温度：**5~35℃**

常见病虫害：**无**

肉质叶，对生，叶子的形状好像盛满汤水的汤匙，淡绿色，表面覆盖有非常短的茸毛，手感非常好。若歌诗大部分人养出来都是绿色的，当环境适宜的时候，就是温差足够大，日照非常充足，控水比较严格时，叶片才会变得有点黄色和红色。若歌诗的上色条件是比较苛刻的，大概只有云南、山东等气候条件比较好的地方上色才比较容易。喜欢凉爽、干燥、阳光充足的环境，耐旱，耐贫瘠，不耐寒。春秋两季生长速度快，容易群生，浇水见干见湿，给予最长时间的日照，植株长势会非常好，株形也比较紧凑。如果日照不足叶片会比较瘦弱，茎秆纤细，品相较差。夏季需要注意遮阴、避雨，浇水也要减少，保持土壤干燥，可以顺利度夏。冬季放在温暖向阳处养护，北方地区应根据气温情况适时搬入室内养护。繁殖以砍头、分株为主，在春季和秋季进行成活率会非常高。

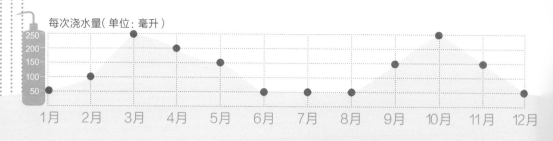

每次浇水量（单位：毫升）

	1月	2月	3月	4月	5月	6月	7月	8月	9月	10月	11月	12月
250			●							●		
200				●								
150					●				●			
100		●									●	
50	●					●	●	●				●

绒针

（景天科青锁龙属）

多种方式繁殖

砍头　分株

基础养护一点通

型种：春秋型种

光照：明亮光照

浇水：1 周 1 次

耐受温度：5~35℃

常见病虫害：无

别称"银箭"，非常容易群生的中小型多肉品种。叶长卵圆形，绿色，被白色短茸毛，嫩茎为绿色，多年生的植株茎秆底部会木质化，变为红褐色。温差较大、光照充足的寒凉季节叶色会变红。喜欢温暖、干燥和光照充足的环境，耐干旱和半阴，怕积水，忌强光。对土壤的适应性比较强，纯粗砂、纯泥炭土或者颗粒土和泥炭土混合的土壤都可以，但浇水量和浇水频率相差比较大。适宜生长温度为 15~25℃，所以，春秋生长迅速，冬季保持较高温度也可以持续生长。春秋季节浇水可选择上午时段，浇透水过 1 周左右，土壤比较干燥时就可以再次浇水。夏季高温休眠和冬季处于半休眠状态时，盆土需要保持干燥。夏季应避免阳光直晒，日照强烈叶片会出现褐色斑点，浇水量应减少，土壤不宜长期湿润，否则容易烂根。春秋两季可剪取长 10~15 厘米的枝条，插入微湿的土壤中，两三周可生根。

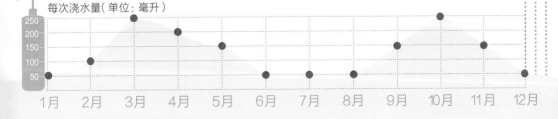

每次浇水量（单位：毫升）

| | 1月 | 2月 | 3月 | 4月 | 5月 | 6月 | 7月 | 8月 | 9月 | 10月 | 11月 | 12月 |

景天科银波锦属

熊童子

（景天科银波锦属）

多种方式繁殖

砍头

分株

叶插

　　熊童子的叶片圆润萌蠢，非常可爱，是多肉圈里的卖萌明星。叶片表面有稀疏的短茸毛，常年绿色，叶缘有突起小尖，寒凉季节会变红，就好像熊掌上涂了指甲油。对光照需求较多，缺少光照，"爪子"不明显且不会变红。充足的日照，可使株形更加紧凑。春秋季节薄肥勤施能够令叶片更饱满。夏末至秋季会开红色小花。熊童子喜欢干燥、凉爽的环境和疏松的土质，对水分不敏感。新人浇水掌握不好频率的话，春夏秋季可以2周浇水1次，每次要浇透；冬季可以每周1次，水量要少，保持稍微湿润就可以。熊童子非常怕热，夏季养护不当容易掉叶子甚至整株死亡。所以在气温达到28℃时，就要考虑给它遮阴，并放置在通风的位置，减少浇水量。即便植株健康，它也比较容易掉叶子，遗憾的是熊童子叶插不太容易成功，掌握不好温度和湿度很难发芽。一般是剪取顶部枝条扦插繁殖。

每次浇水量（单位：毫升）

为什么熊童子在夏季总掉叶子

熊童子在夏季爱掉叶子是一个很恼人的问题。不管你浇多少水，它该掉叶子了还是会掉叶子。其实，这是因为熊童子在夏季高温时会休眠，温度超过35℃基本就无生长迹象了，一些叶片会萎缩、干枯，一些则会掉落。不过只要茎秆没有枯萎，秋季一般还能重新萌发新叶。为了避免夏季出现掉叶子的情况，最好是在初夏就开始逐渐减少浇水量，并严格控水，增加空气流通。或者可以在春末的时候给熊童子换上透水性、透气性都非常好的土壤。再不然就让熊童子住进空调房，白天全天开空调，夜间通风。

如何将熊童子养出"红爪子"

熊童子的"爪子"只有在光照充足，且昼夜温差比较大时才可能变红。所以在秋冬一定要最大限度地给予光照，如果有条件，冬季可以人为控制养护环境的温度，使白天温度维持在20℃左右，夜间温度维持在10℃，熊童子的"爪子"肯定能很快变红。如果再加上长时间的控水，可以令"指甲油"更加浓艳，"熊掌"也可能会变红呢！

基础养护一点通

型种：	冬型种
光照：	明亮光照
浇水：	1周1次
耐受温度：	5~35℃
常见病虫害：	无

露养的熊童子太脏了，怎么清理

露养环境容易让熊童子的叶片粘上柳絮、泥巴等，可以用软毛刷子轻轻刷干净。另外，另外，熊童子上盆后最好在表面铺一层颗粒土，这样下雨就不会让叶片粘上泥巴了。

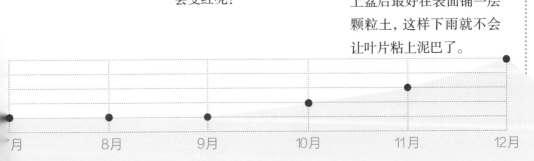

8月　　9月　　10月　　11月　　12月

达摩福娘养好了会有橙红色的边线，叶片颜色是清新的嫩黄色。

达摩福娘

（景天科银波锦属）

多种方式繁殖

砍头

分株

达摩福娘开花很漂亮，花茎从枝条顶部伸出，一枝花茎开 1~3 朵较大的红色花朵，钟形，像小灯笼一样挂在枝头，是可观叶亦可观花的品种。叶片是椭圆形，叶片先端比较尖。叶片大部分时候是嫩绿色，光照充足的寒凉季节可变成嫩黄色，叶片边缘也比较红。茎秆比较细，群生植株不能直立生长，多年生植株可垂吊生长。对光照需求较多，但不宜暴晒，喜欢凉爽通风的生长环境。夏季高温需要遮阴，浇水量也要适当减少，并注意通风。气温特别高的天气可用电风扇或空调降温。比较喜欢稍微湿润的土壤，所以配土要求有比较高的保水性。达摩福娘是相对喜水的品种，生长速度又非常快，所以茎秆特别容易长长，想要保持比较紧凑的株形就必须想办法增加日照时间。冬季可以悬挂到比较高的位置，这样接受日照的时间也会稍有增加。主要靠砍头、分株繁殖。

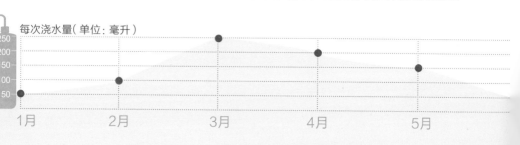

每次浇水量（单位：毫升）

	1月	2月	3月	4月	5月
250					
200			●	●	
150					●
100		●			
50	●				

想要叶片圆润需要
见干见湿的浇水和
充足的日照。

如何才能让达摩福娘的叶片变圆润

很多人觉得养不出肥厚饱满的叶片是因为施肥不够，其实不用施肥也可以养出胖胖的叶子。关键在于长时间的日照和严格的控水，使盆土迅速干燥，并维持一段时间，然后再给水，叶片就能储存更多的水分了。养护得当时，它的叶片不仅圆鼓鼓的，还能有漂亮的橙红色边线。

北方冬季室内养护的达摩福娘大概多久浇一次水

北方冬季室内有供暖，一般气温可以达到 20℃ 以上，所以达摩福娘的生长速度还是比较快的，浇水量可以稍多一些。土壤保水好的，大概 3 周左右浇水 1 次，保水性稍差的可 2 周浇 1 次。

达摩福娘的叶片总是很少，怎么办

达摩福娘的叶片叶柄比较细，稍不注意就会碰掉叶片，而且底部叶片代谢也比较快，这就造成达摩福娘底部叶片少。养护中可以加适量的缓释肥，夏季避开日照强烈的时段，适当遮阴，因为强烈日照会加速底部叶片的消耗。

叶片消耗过快可
加适量缓释肥。

基础养护一点通

型种：春秋型种
光照：明亮光照
浇水：2 周 1 次
耐受温度：5~35℃
常见病虫害：无

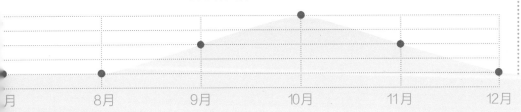

月　　　　　8月　　　　　9月　　　　　10月　　　　　11月　　　　　12月

景天科厚叶草属

桃美人

（景天科厚叶草属）

多种方式繁殖

叶插

砍头

分株

桃美人是厚叶草属的栽培品种，深受大家喜爱。它喜欢温暖、干燥、光照充足的环境，无明显休眠期，生长比较缓慢。秋冬季节充足光照和较大温差下，叶片会从蓝绿色转为粉红色，叶片白霜也会相对明显一些。缺少光照，叶片会是淡蓝绿色，茎秆也会徒长。如果养护环境日照时间低于4小时，那是很难养出好状态的。桃美人的耐旱性、适应性较强，适合新人养护。桃美人的叶片肥厚多汁，所以浇水次数应比其他品种少一些。尤其夏季要少量浇水，防止徒长和烂根，湿热天气要加强通风。养活桃美人并不难，想要养出更好的状态就需要勤快的你变"懒惰"一点。桃美人的叶片肥厚，可以储存更多的水分，当你看到盆土干燥时也不用急着给它浇水，可以等它的底部叶片稍微发皱后再浇水。这样做能很好的控制株形，而且叶片也会更加饱满圆润。

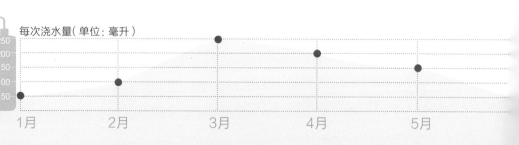

每次浇水量（单位：毫升）

250 200 150 100 50

1月　2月　3月　4月　5月

出差在外，桃美人在阳台淋了两天雨，不知道会不会黑腐

这要看植株的健康状况，如果是成株一直在室外露养，盆土排水透气性好的话，一般没有大问题。如果不是这种情况，就需要小心应对了。淋雨后很长一段时间都是病害的潜伏期，千万不可大意，为防万一可以用电风扇对着花盆吹，加速土壤干燥。

桃美人叶片有伤口，要紧吗

这种伤口是外伤，不是虫害，不要紧，而且伤口看起来有些日子了，正在愈合，不用特别处理，注意浇水不要浇到受伤的叶片上就好。

图中的桃美人叶插苗还能活吗

看掉落叶子后的茎秆还是健康的颜色，没有黑点，应该能够成活。叶片掉落、腐烂可能是高温天气浇水或者是土壤中水分过多造成的。首先清理掉腐烂的叶片，然后放在阴凉通风处，或者搬入室内空调房，降低温度，并让盆土内的土壤尽快干燥。这期间，应每天观察多肉植株的变化，如果没有继续恶化，等盆土干燥后可以移至室外阴凉处正常养护。

基础养护一点通

型种：	春秋型种
光照：	明亮光照
浇水：	3 周 1 次
耐受温度：	5~35℃
常见病虫害：	无

| 7月 | 8月 | 9月 | 10月 | 11月 | 12月 |

日常养护中应减少碰触叶片，以防蹭掉白霜。

霜之朝

（景天科厚叶草属 × 拟石莲花属）

多种方式繁殖

砍头　分株

叶插

基础养护一点通

型种： 春秋型种

光照： 明亮光照

浇水： 2周1次

耐受温度： 5~35℃

常见病虫害： 黑腐

霜之朝由厚叶草属的星美人和拟石莲花属的广寒宫杂交而来，很好地继承了广寒宫的霜粉特质。肉质叶片长卵圆形，因为叶表被一层厚厚的霜粉覆盖，叶片呈现灰白色，叶丛呈莲座状排列。秋冬等寒凉季节，充足的日照能使它从叶尖开始变粉红，因为有霜粉覆盖的缘故，颜色比较柔和。喜欢凉爽、干燥的环境和排水良好的沙质土壤。春秋两季是霜之朝的生长旺季，浇水应一次浇透，土壤干透后再浇水。霜之朝对水分特别敏感，尤其在夏季，高温天气要特别注意控制浇水，尽量让盆土保持干燥。除此之外，还应适当遮阴。为防万一，可以在春末开始喷洒多菌灵溶液，预防黑腐。冬季的低温可以让霜之朝保持漂亮的颜色，但如果温度低于5℃就有可能造成冻伤，北方的朋友应在霜降节气到来之前搬入室内养护，南方温暖的地区可以在背风处露养过冬。繁殖主要是叶插、砍头、分株，成活率都很高。霜之朝的花也很漂亮，钟形花朵，外部粉红色，内部为橙黄色。

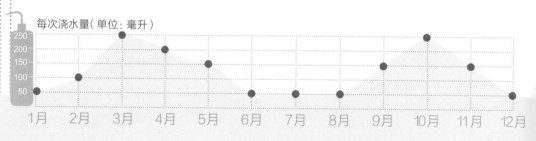

每次浇水量（单位：毫升）

	1月	2月	3月	4月	5月	6月	7月	8月	9月	10月	11月	12月
250												
200												
150												
100												
50												

婴儿手指

(景天科厚叶草属)

多种方式繁殖

砍头　分株

叶插

基础养护一点通

型种：春秋型种

光照：明亮光照

浇水：2周1次

耐受温度：5~35℃

常见病虫害：无

　　婴儿手指是比较小型的多肉品种，叶片圆锥形，叶先端钝圆，叶尖不明显，表面被覆白霜。光照不足时叶片颜色是灰蓝色，昼夜温差大时，阳光充足会变粉，好像新生婴儿粉嫩的手指。喜欢阳光充足的环境，缺少光照叶片会变细长，茎秆徒长，品相不佳；对土壤要求不高，疏松、透气、不易板结的土壤就可以。春秋两季生长迅速，浇水可干透浇透。夏季气温太高会进入半休眠状态，应注意遮阴，并减少浇水量。冬季开始严格控水，加上适当的日照，可以令叶片更加饱满、圆润。低于5℃需要搬入室内养护，南方的肉友不要为了追求好的颜色，而让婴儿手指在低于5℃的户外环境中"锻炼"。多肉的抗寒能力并不强，只有少部分常年露养的老桩可能禁受得住寒冷的考验，大部分植株会在这样严苛的环境中死亡。婴儿手指的叶片肥厚多汁，比较好掰，也容易叶插，叶片在出根前应提高养护环境的空气湿度，以促进出根出芽。婴儿手指比较容易群生，可剪取侧芽繁殖，更容易成活。

每次浇水量（单位：毫升）

1月	2月	3月	4月	5月	6月	7月	8月	9月	10月	11月	12月

青星美人

（景天科厚叶草属
×
拟石莲花属）

基础养护一点通

型种：春秋型种

光照：明亮光照

浇水：2 周 1 次

耐受温度：5~35℃

常见病虫害：无

青星美人成株冠幅在 8 厘米左右，可长成比较大的枝干，形成小树形态。叶片肥厚，常年青绿色，秋冬等寒凉季节叶片先端会变红，叶尖尤其明显。习性非常强健，粗放的管理方法也能养活。只要有每天 4 小时的日照，就是种在沙土里也能生长得很好，是非常适合新人养护的一个品种。春秋生长季可以接受全日照，无论室内养护还是室外露养，浇水每次都要浇透。夏季需要注意遮阴，适当控水就可以。室内养护的要特别注意通风，通风条件不好就要加大颗粒土的比例。青星美人夏季休眠不明显，对水分也不太敏感，能够比较容易地度过夏季。入秋后注意不要急着大水浇灌，还要提防"秋老虎"，当连续几天最高气温低于 28℃后，就可以逐渐增加浇水量了。冬季气温降低到 5℃左右时，应注意采取保暖措施，室外露养的应保持盆土干燥，少浇水。繁殖方法主要有叶插、砍头、分株，新人多用叶插的方式繁殖。

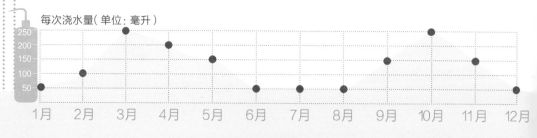

星美人

（景天科厚叶草属）

多种方式繁殖

砍头　分株

叶插

基础养护一点通

型种：春秋型种

光照：明亮光照

浇水：2周1次

耐受温度：5~35℃

常见病虫害：无

星美人也称为"白美人"，它总是给人珠圆玉润的感觉，是非常受欢迎的品种。叶片长圆形，先端圆钝，没有明显的叶尖，表面被厚厚的白霜覆盖，能够直立生长。大部分时候星美人的叶片是灰白色，在秋冬寒凉季节，具备充足光照的条件下，叶片也能转变为微粉色。习性强健，喜欢日照充足、凉爽、干燥的养护环境，耐旱，不耐寒，忌高温湿热。春秋两季可以露养，接受全日照，浇水见干见湿即可，这样养护的星美人圆润肥厚，惹人喜爱。夏季应注意避免长时间淋雨，叶心有积水时应及时清理。日照强度高的地区应注意遮阴，可以使用遮阳网，也可以搭建遮雨棚，遮雨棚还能避免淋雨。秋季早晚温差大的时候，星美人会逐渐变色，而且这时候生长速度也比较快，可以见干见湿地浇水，促进植株生长。冬季星美人能够耐受5℃左右的低温，此时应多关注天气情况或者观察自己的温度湿度计，适时采取保暖措施，预防冻害。

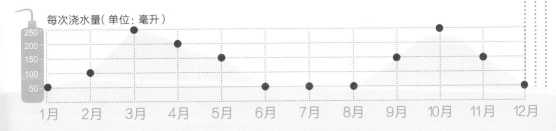

每次浇水量（单位：毫升）

| | | | | | | | | | | | |
|250|200|150|100|50| | | | | | | |

1月　2月　3月　4月　5月　6月　7月　8月　9月　10月　11月　12月

懒人多肉一养就活

景天科瓦松属

子持莲华

（景天科瓦松属）

多种方式繁殖

砍头

分株

子持莲华是非常好养活的品种，也是一种非常小巧可爱的多肉品种，常年灰蓝色，每个人养出的颜色都稍有差异。秋冬季节低温休眠，叶片会包起来，外围叶片枯萎，非常好看，春季气温回升后叶片会渐渐舒展开。喜温暖、干燥和阳光充足的环境。不耐寒，冬季养护温度应不低于5℃。栽培的土壤腐殖质多一些会生长得比较强壮。对水分不敏感，只要盆土不长时间积水就可以。夏季是生长期，比较喜欢大水，生长速度很快，还会生出许多侧芽。如果初夏控水比较严的话，生长速度也会慢下来，株形保持得也会好一些。浇水过多，侧芽生长迅速，会长成杂乱的"豆芽菜"，可以剪取侧芽繁殖。冬季低温休眠后要减少浇水，外围叶片会逐渐干枯，内层叶片紧包，这是休眠的明显特征。子持莲华开花后会死亡，即使早早地将花箭剪除也不能阻止它死亡，但母株枯萎后会从基部长出侧芽。

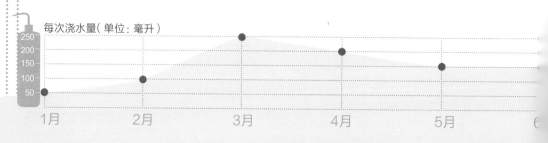

每次浇水量（单位：毫升）

	250	200	150	100	50

1月　　2月　　3月　　4月　　5月　　6

进入秋冬寒凉季节，子持莲华底部叶片干枯属于正常现象。

夏季疯狂长侧芽的子持莲华。

子持莲华的底部叶片干枯了，怎么办

子持莲华在冬季叶片包裹、干枯是休眠的正常表现。如果是夏季底部叶片干枯，可能是干旱造成的，也可能是高温暴晒将嫩茎晒坏了，叶片才会逐渐枯萎。这时候需要查看茎秆是否健康，如果茎秆健康，那就只是干旱，浇水就能恢复，如果茎秆干枯了，则要用土壤覆盖住茎秆，或者剪下来重新埋入土中。

基础养护一点通

型种：夏型种

光照：明亮光照

浇水：1 周 1 次

耐受温度：5~35℃

常见病虫害：虫害

子持莲华的叶片为什么变白了

子持莲华一年四季的颜色没有太大变化，只是在蓝绿到浅绿色之间变换，如果是变白了或者变得有点粉，可能是被菜青虫啃食的，要连续用护花神喷洒和灌根。子持莲华夏季容易爆发介壳虫、菜青虫等虫害，最好在初夏以前喷药预防大规模爆发。

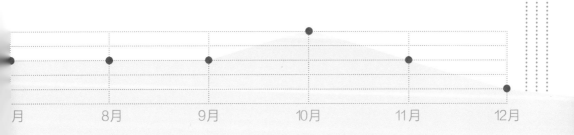

月　　　8月　　　9月　　　10月　　　11月　　　12月

景天科伽蓝菜属

月兔耳

（景天科伽蓝菜属）

多种方式繁殖

砍头　分株

叶插

基础养护一点通

型种：夏型种

光照：明亮光照

浇水：2周1次

耐受温度：5~35℃

常见病虫害：无

月兔耳原产中美洲，毛茸茸的株体，淡绿色肥厚的叶片，边缘散生着深褐色斑点，十分美丽，是兔耳系列比较常见的品种。带茸毛的叶片露养容易脏，需要用小刷子清理。喜欢温暖干燥、阳光充足的环境，不耐水湿。如果长期处于荫蔽环境，不利于叶面褐色斑形成。阳光充足时，叶片会长得更加肥厚。属于夏型种，夏季生长旺盛，不过高温天气还是要注意遮阴。冬季气温最好保持在10℃以上，温度过低会休眠，生长停滞。月兔耳对土壤的需求就是透气保水，颗粒土配比视气候因素、花盆透气性及浇水频率而定。月兔耳的需水量较少，春秋季每次浇水可浇花盆容积的2/3，土壤干透后再浇水。夏季浇水时间应在傍晚或晚上，冬季浇水时间应选择中午。浇水最好浸盆或者缓慢沿盆边给水，不要将水珠溅到叶片上。

每次浇水量（单位：毫升）

	250	200	150	100	50

1月　2月　3月　4月　5月　6月　7月　8月　9月　10月　11月　12月

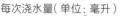

黑兔耳的叶片繁殖成活率较一般多肉高。

黑兔耳

（景天科伽蓝菜属）

多种方式繁殖

砍头　分株

叶插

基础养护一点通

型种：夏型种

光照：明亮光照

浇水：2周1次

耐受温度：5~35℃

常见病虫害：无

黑兔耳是月兔耳的栽培品种，全株有茸毛覆盖，毛茸茸的叶片摸起来很有触感，是很受欢迎的治愈系萌物。叶长圆形，比月兔耳的小，肥厚，红褐色，叶缘锯齿状，有黑色斑，比月兔耳的颜色重且面积大，若日照充足，黑色斑更黑。习性与月兔耳相近，喜欢温暖干燥、阳光充足的环境，耐旱，不耐水湿。全年都需要有足够的日照才能维持较好的株形。冬季需要加强通风，合理控水，尽量全日照。春季来临时不要急于搬至户外露养，初春天气变化快，很可能会出现"倒春寒"，谨防冻伤。在露养的开始阶段也要注意循序渐进晒太阳，突然放置在阳光下很容易灼伤叶片。春夏秋三季可适当多浇水，冬季低温需保持干燥，低于5℃需要采取保温措施。繁殖能力特别强，叶插出芽率很高，而且瓣断的叶片也可以叶插成功，通常一片叶子可以分成三段来叶插，但出芽或出根非常慢。

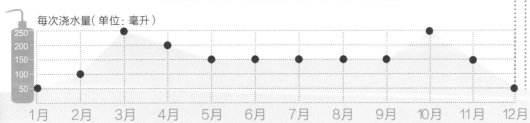

每次浇水量（单位：毫升）

| 250 | 200 | 150 | 100 | 50 |

1月　2月　3月　4月　5月　6月　7月　8月　9月　10月　11月　12月

懒人多肉一养就活

玉吊钟

（景天科伽蓝菜属）

多种方式繁殖

砍头　分株　叶插

基础养护一点通

型种：春秋型种

光照：明亮光照

浇水：1周1次

耐受温度：5~35℃

常见病虫害：无

别名"蝴蝶之舞""洋吊钟"。叶片两两对生，肉质叶扁平，边缘有齿，叶蓝绿或灰绿色，叶片分布有不规则的乳白、粉红、黄色斑块，颜色极富变化，茎秆直立生长。一般新叶的颜色更为绚丽多姿、五彩斑斓，非常美丽。玉吊钟一般在冬季或者春季开花，小花紫粉色，像一个个小铃铛挂在花箭上。玉吊钟喜温暖凉爽的气候环境，不耐高温烈日。玉吊钟是非常好养的品种，沙质土壤易养活，四季浇水都可以见干见湿，避免盆土积水即可。夏季日照强烈时适当遮阴就好，是非常容易度夏的品种，而且病虫害非常少。华南地区一般可在室外安全越冬。玉吊钟的繁殖力也特别强悍，叶插的繁殖方式比较特别，摘取叶片放在湿润的土壤上，不久就会从叶片锯齿状的凹陷部位长出粉嫩的小芽来，萌萌的，非常可爱。另外，也可以采取砍头、分株的办法繁殖。

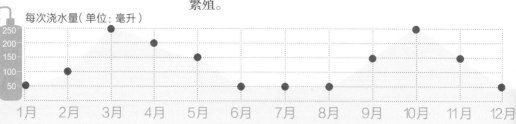

每次浇水量（单位：毫升）

白姬之舞

（景天科伽蓝菜属）

多种方式繁殖

分株

砍头

叶插

基础养护一点通

型种：春秋型种

光照：明亮光照

浇水：1周1次

耐受温度：5~35℃

常见病虫害：无

叶片接近圆形，边缘微波浪状，表面轻微覆盖白粉，两两对生，生长季为清新的蓝绿色，秋冬寒凉季节叶缘会变红，有色斑。白姬之舞喜欢阳光充足和凉爽、干燥的环境，耐半阴，怕水涝，忌闷热潮湿。生长期放在阳光充足处，则株形矮壮，叶片之间排列会相对紧凑点。春秋季浇水见干见湿，生长速度非常快，最好全日照养护，不然茎秆长长后容易倒伏。夏季高温休眠，生长基本停滞，但没有明显的枯叶等表现。冬季建议在霜降节气前后搬入室内养护，南方部分地区个别常年露养的植株可以露养过冬。群生白姬之舞开花非常壮观，高高的花箭一串串排列，花朵红色或橙红色，像小灯笼一样挂在枝头。白姬之舞的繁殖方法和玉吊钟一样，可以用叶插繁殖，也可以用砍头、分株的方式繁殖。

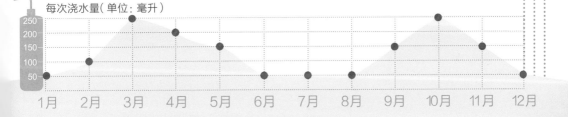

每次浇水量（单位：毫升）

250
200
150
100
50

1月　2月　3月　4月　5月　6月　7月　8月　9月　10月　11月　12月

懒人多肉一养就活

江户紫

（景天科伽蓝菜属）

多种方式繁殖

砍头　分株　叶插

基础养护一点通

型种： 春秋型种

光照： 明亮光照

浇水： 2周1次

耐受温度： 5~35℃

常见病虫害： 无

别称"斑点伽蓝菜"，肉质叶两两对生，叶片卵圆形，叶缘有圆钝的锯齿。绿色的叶片密布着紫红色斑纹，秋冬寒凉季节日照充足时，颜色更鲜艳。自然生长容易长出多头，多年生植株的茎秆容易木质化，呈褐色。喜欢温暖、干燥及阳光充足的环境，不耐寒，比较耐干旱和半阴，强光时要遮阴。春秋两季可以放心地晒太阳，光照越充足斑点越明显；缺光会造成茎叶徒长，株形松散，叶色暗淡。浇水见干见湿，保证土壤排水性良好，浇水后能迅速干燥。夏季高温时生长缓慢，应加强通风、控水，以免土壤湿度过大，从而引起基部茎秆腐烂。夏季日照强度高的地区或植株比较弱小的应注意遮阴。冬季低温会休眠，放在室内阳光充足处养护，能够使叶片保持紫红色。常用的繁殖方式是砍头、分株，可以剪取健壮成熟的顶端枝条，待切口晾干后插入湿润的土壤中，大概2周生根。大量繁殖可以选择饱满的叶片叶插。

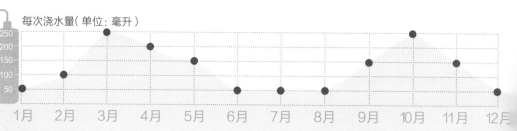

每次浇水量（单位：毫升）

250 200 150 100 50

1月　2月　3月　4月　5月　6月　7月　8月　9月　10月　11月　12月

宽叶不死鸟

（景天科伽蓝菜属）

多种方式繁殖

砍头　叶插

基础养护一点通

型种：春秋型种
光照：明亮光照
浇水：2周1次
耐受温度：5~35℃
常见病虫害：无

又称为"落地生根""蕾丝公主"，成株叶片具叶柄，非常宽大，叶缘呈锯齿状，在每一个锯齿凹陷处都会生长出小苗，好像蕾丝花边一样，小苗落地后很快就能生根，变成一棵新植株，生存和繁殖能力非常惊人，被认为是"养不死的多肉"。通常宽叶不死鸟直径可以长到20厘米，株高可达半米，但是这种大型的植株和普通绿植的观赏感相差无几，缺少了多肉的"萌"感。很多人更喜欢养小苗，小苗的叶片卵圆形，通过小口径的花盆栽种，加上适度控水，在秋冬等寒凉季节，光照充足的情况下可以养出橙黄色加粉色的状态。宽叶不死鸟特别强健，几乎能够在任何土壤中生存，甚至在土壤稀少的墙缝、岩缝中都能生存。只要不频繁浇水，放在阳光充足的地方，它就能迅速生长、繁衍，不用担心养死。宽叶不死鸟不用刻意繁殖，叶片上掉落的小苗就能长满花盆。当然，如果你喜欢，也可以选择砍头、叶插等方式来繁殖。

每次浇水量（单位：毫升）

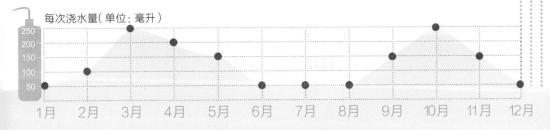

250 200 150 100 50

1月　2月　3月　4月　5月　6月　7月　8月　9月　10月　11月　12月

景天科长生草属

观音莲在多肉圈中较为常见，被称为"普货之王"。

观音莲

（景天科长生草属）

多种方式繁殖

分株

砍头

　　也叫作"长生草""佛座莲"，是多肉植物中最常见的品种之一，堪称"普货之王"。观音莲的整个外形就像一朵绽放的莲花。叶片扁平细长，先端急尖，不仔细看很难发现叶缘的白色小茸毛。充分光照下，叶尖和叶缘会形成非常漂亮的咖啡色或紫红色。喜欢凉爽、干燥、阳光充足的环境和排水良好的沙质土壤。比较怕热，相对其他品种更耐寒，0℃以上可安全过冬。非常耐旱，不喜大水，生长期要求有充足的阳光，日照不足容易"穿裙子"。除了夏季需要遮阴外，其他季节尽可能全日照。夏季休眠期可放在通风良好的地方养护，并控制浇水，禁止施肥。夏季高温，若通风良好，水分蒸发量大，需水量更多，若缺水极易使底部叶片萎蔫，或者叶片紧包。配土最好使用颗粒土多一些的，容易保持紧凑的株形。叶插很难成功，一般取母株旁的侧芽分株繁殖。

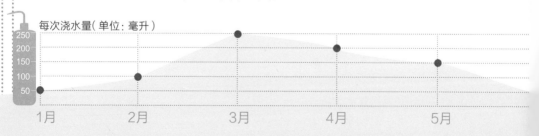

每次浇水量（单位：毫升）

250				
200				
150				
100				
50				

1月　　2月　　3月　　4月　　5月

观音莲如何繁殖

理论上来说，观音莲可以用叶插、砍头、分株的方式繁殖，但是观音莲的叶子在摘取时不容易将叶片的生长点完整的保留，所以叶插的成活率非常低。实际上观音莲最常用的繁殖方法还是分株和砍头。简单说说分株繁殖的方法。就是把母株底部生出的幼苗剪下来，在阴凉处晾 2 个小时，然后就可以潮土上盆了。应选取直径至少 2 厘米的幼苗，剪取的茎秆要稍微长一些。

如何把观音莲养到爆盆

观音莲特别容易在底部生出多个侧芽，是容易爆盆的品种。想要观音莲爆盆，需要给足它阳光、水分和养分。春秋是主要的生长期，这时候要给予最长时间的日照，浇水应尽量干透浇透，不能让植株过分缺水，否则很难生长侧芽。每个月可以在水中加入少量液肥，或者每半年施用一次缓释肥，充足的养分能保证植株健康苗壮的成长。夏季遮阴，减少浇水量，但可以提高浇水频率，因为气温高，土壤干透的速度快了，浇水也应及时。冬季充分接受日照，浇水见干见湿即可。一般成株经过 3 个月的养护就可以生出小芽，大概 1 年时间就能长成满满一盆。

基础养护一点通

型种：**春秋型种**

光照：**明亮光照**

浇水：2 周 1 次

耐受温度：0~30℃

常见病虫害：介壳虫

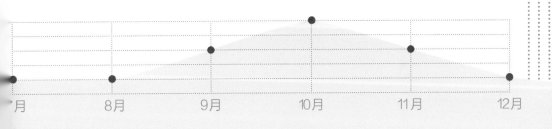

8月   9月   10月   11月   12月

蛛丝卷绢

（景天科长生草属）

多种方式繁殖

分株

砍头

长生草属中的一员，外形非常特别，莲花座形植株，叶片顶端会有天然的茸毛粘连，形成蛛网状，越靠近中心，蛛丝越密集。不过每棵植株间都会存在差异，蛛丝的疏密程度不尽相同。单头直径在 3 厘米左右，植株较矮，生长速度快，容易群生。喜欢凉爽干燥的环境，忌湿热，稍耐寒。夏季为嫩绿色，秋冬寒凉季节叶背可变深红色或深紫色。春秋是主要生长季，浇水可见干见湿，但是不要兜头浇水，避免淋雨，以免破坏蛛丝的完整。夏季高温会有短暂休眠，浇水大概每月 3 次，沿着盆边少量给水，维持植株的根系不会因过分干燥而枯死即可。冬季低于 3℃需要断水，保持盆土干燥。一些比较健壮的植株可在 0℃ 的环境下安全过冬，如果植株不够强健，建议搬入室内或采取保暖措施。蛛丝卷绢开花后，母株会死亡，但可以剪取底部的侧芽进行繁殖。

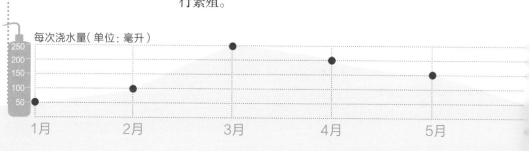

每次浇水量（单位：毫升）

250				
200				
150				
100				
50				
1月	2月	3月	4月	5月

蛛丝卷绢上盆后叶片一直没有展开，是怎么回事

很可能是还没有服盆，叶片还是向内包裹的状态，底部叶片发软，如果这种状态很久了，需要重新取出植株，检查根系并修根，晾干后再次上盆。要找到没有服盆的原因，是因为天气太热，还是因为浇水量太少或太多……一般不容易服盆的现象会出现在夏季和冬季，气温不适宜植株发根。再有就是浇水的时间和量不对，潮土上盆后等土壤干燥后就可以浇水了，浇水量大概为花盆体积的1/3，之后过1周左右，再次浇水，水量可以增加。

蛛丝卷绢

为什么我的蛛丝卷绢的蛛丝不是网状的

这个不是蛛丝卷娟，而是它的近亲——大红卷绢。大红卷绢与蛛丝卷绢非常相似，都是莲花座形，叶片纤薄，不同的地方是蛛丝卷绢顶端的蛛丝较多，且叶与叶之间是粘连的，而大红卷绢的叶片顶端虽然也有茸毛，但是叶片之间并无连接。一般蛛丝卷绢的蛛丝除非人为破坏，否则是不会消失的。

基础养护一点通

型种：**春秋型种**

光照：**明亮光照**

浇水：**1 周 1 次**

耐受温度：**3~35℃**

常见病虫害：**黑腐**

大红卷绢

| 月 | 8月 | 9月 | 10月 | 11月 | 12月 |

景天科莲花掌属

山地玫瑰

（景天科莲花掌属）

多种方式繁殖

砍头

分株

播种

　　山地玫瑰是非常容易群生的品种。叶片比较薄，翠绿色，生长期如盛开的玫瑰。夏季休眠明显，外围叶片枯萎，叶片紧包，如含苞的玫瑰，有"永不凋谢的绿玫瑰"之美称。花期在春末夏初，总状花序，花黄色。花朵开败或种子成熟后，母株会逐渐枯萎，但基部会长出小芽。山地玫瑰喜欢凉爽、干燥和阳光充足的环境，生长速度一般，容易从基部长出小芽。夏季高温会休眠，此时应注意加强通风，控制浇水，使植株在通风、干燥、凉爽的环境中度过炎热的夏季。避免烈日曝晒，更要避免淋雨，以免因闷热潮湿引起植株腐烂。生长季要多晒，适当控水，不然叶片会比较松散，茎秆细长。入夏前叶片半包拢的状态非常美，休眠后注意减少浇水，适当遮阴。入秋后叶片逐渐伸展时给水要小心，应逐渐增加浇水量，不能立刻大水浇灌。

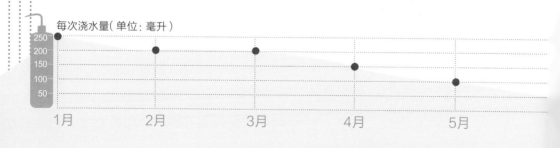

每次浇水量（单位：毫升）

250				
200				
150				
100				
50				
1月	2月	3月	4月	5月

山地玫瑰休眠后的养护要注意什么

山地玫瑰休眠后植株代谢能力差，一定要减少浇水，避光养护。一些人认为山地玫瑰休眠后就要断水，一浇水就会黑腐，其实完全不是这样的。山地玫瑰即使处于深度休眠状态也不能完全断水，浇水量把握不好的话，可以采用浸盆的方式，稍在水中浸几秒，浸湿底部土壤就可以。断水时间过长根系容易枯萎，天气凉爽后不容易恢复生长。

基础养护一点通

型种：冬型种

光照：明亮光照

浇水：1 周 1 次

耐受温度：5~30℃

常见病虫害：无

休眠的山地玫瑰要放置在阴凉通风处，并减少浇水，但不能断水。

山地玫瑰休眠后干枯的叶片到底要不要摘

一般我们都说，夏季要清理枯叶，减少细菌、害虫的滋生，但是夏季休眠的山地玫瑰最好不要清理枯叶。山地玫瑰休眠，叶片会紧紧包裹起来，外围叶片逐渐干枯，这些干枯的老叶会保护里层的叶片，能降低水分蒸发，减少养分消耗。

才 4 月中旬，山地玫瑰叶片就包裹起来了，难道是要休眠了

山地玫瑰休眠没有具体的时间，各地气温不同，气温高就有可能会在 4 月休眠。一般气温超过 25℃，山地玫瑰就会渐渐休眠，超过 30℃就深度休眠了，外围叶片干枯。如果 4 月的天气还不是特别热，山地玫瑰只是叶片包裹，没有枯叶，也可能是太干旱了，可以少量浇水试试。如果浇水后包裹状态有些展开了，则是没有休眠。

7月　　　8月　　　9月　　　10月　　　11月　　　12月

艳日辉
（景天科莲花掌属）

多种方式繁殖

砍头

分株

基础养护一点通

型种：冬型种

光照：明亮光照

浇水：1周1次

耐受温度：5~35℃

常见病虫害：无

别名"清盛锦"，肉质叶在枝头组成较小的莲座状叶盘，叶的中央淡绿色与杏黄色间杂，边缘有红色斑块，叶缘有睫毛状小齿。生长速度快，易从茎秆生出多个侧芽，形成捧花状。缺光及生长季为绿色，出状态后，植株呈现出红、黄、绿三色，在一堆多肉中非常鲜艳夺目。喜欢阳光充足、通风良好的环境，如果缺乏阳光照射叶子会变长，叶片全绿。春秋两季生长旺盛期对水分需求较大，可增加浇水频率，盆土干透多半就可浇水。由于植株生长迅速，每年或隔年需换盆1次。春秋季节会从叶片间生出新芽，此时可大水灌溉，薄肥勤施，促进生长。夏季高温时特别敏感，休眠状态很明显，底部叶片代谢比较快，应注意控制浇水量，适当遮阴，光照太强时，叶片代谢速度会加快。休眠期叶片颜色会比较鲜艳，但生长基本停滞，几乎没有新叶。冬季生长速度相对缓慢，应减少浇水，两次浇水间应有一段时间保持盆土干燥。繁殖主要依靠剪取侧芽种植，叶插基本不能成活。艳日辉开花的枝干花后会枯萎，但是不影响其他枝干的生长。

每次浇水量（单位：毫升）

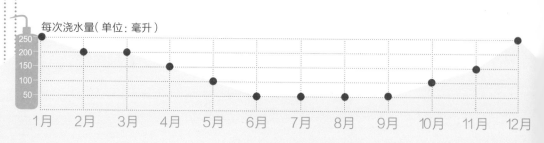

250 200 150 100 50

1月 2月 3月 4月 5月 6月 7月 8月 9月 10月 11月 12月

黑法师

(景天科莲花掌属)

多种方式繁殖

砍头

分株

基础养护一点通

型种：冬型种

光照：明亮光照

浇水：1周1次

耐受温度：5~35℃

常见病虫害：无

比较少见的黑色多肉品种，光亮乌黑的叶片聚合成莲花形，庄严而美丽。典型的冬型种多肉，夏季休眠，冬季生长。夏季高温休眠，休眠特征明显，底部叶片脱落，其余叶片会向内包裹，形成美丽的玫瑰状。此时植株新叶的生长速度比底部叶片干枯的速度慢，应避免强烈光照并控水。黑法师在夏季休眠后，底部叶片干枯的速度会比较快，剩下没多少叶子，不过不用担心，这是很正常的，等到凉爽的秋季来临，它就会恢复生机。春秋两季中心叶片会有返绿现象，随着日照的加强，叶片颜色会随之加重，但不宜暴晒。浇水可见干见湿，土壤保持适度干燥比较好。黑法师的叶片非常薄，叶插几乎没有成功的，繁殖主要靠砍头、分株。自然生长的黑法师会在茎秆上长出多个侧芽，形成多头的造型，生长到一定程度，就可以剪取这些侧芽来繁殖了。黑法师的向光性明显，养护中应时常转动花盆的朝向，不然就容易长成"歪脖子"。多头黑法师可进行修剪，塑造出自己喜欢的株形。另外，黑法师开花是从中心生长点长出花箭，开花后茎秆枯萎，但不影响其他侧芽的生长。

每次浇水量（单位：毫升）

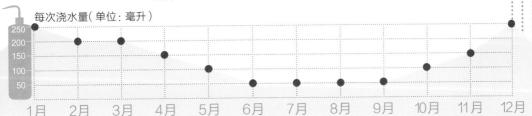

百合科十二卷属

姬玉露

（百合科十二卷属）

多种方式繁殖

砍头　分株

叶插　播种

基础养护一点通

型种：冬型种

光照：散射光

浇水：1周1次

耐受温度：5~35℃

常见病虫害：无

叶片绿色，先端肥厚圆润，透明或半透明状，叶片紧密排列成莲花形。叶片顶端的透明部分称为"窗"，是判断姬玉露品相非常重要的标准，窗越透明、面积越大，品相越好。姬玉露喜欢凉爽、微潮湿的环境，还有疏松、排水性好的土壤。春、夏、秋三季需要在散射光充足的环境下养护，不能直晒，日照太强会让叶片皱缩。姬玉露相对比较喜水，春秋两季土壤可保持稍微湿润，夏季高温休眠，需要少水、通风养护。冬季可放置在南向的窗台或飘窗上，隔着玻璃晒太阳。如果想要窗面更透亮，可以找一个透明容器，白天将植株罩起来，增加植株周围空气的湿度，夜间再打开通风，这就是闷养。冬季闷养可以让姬玉露的株形紧凑，叶片饱满透亮。姬玉露会在基部生出侧芽，当侧芽生长到2厘米以上就可以采取分株方式繁殖了。大量繁殖时，还可以选择播种和叶插。

每次浇水量（单位：毫升）

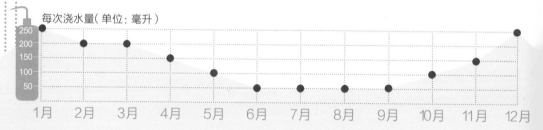

| | | | | | | | | | | | |
|250|200|150|100|50|

1月　2月　3月　4月　5月　6月　7月　8月　9月　10月　11月　12月

樱水晶

（百合科十二卷属）

多种方式繁殖

 砍头　 分株

叶插　播种

基础养护一点通

型种：冬型种
光照：散射光
浇水：1周1次
耐受温度：5~35℃
常见病虫害：无

肉质叶片紧密排列成莲花形，叶片肥厚饱满，先端三角形，部分透明或半透明状，有深绿色线状脉纹，叶缘和叶背有少许茸毛。常年翠绿色，阳光太强烈会转变为褐色或红褐色。喜欢凉爽、干燥的半阴环境，耐干旱，忌水湿、高温，喜欢疏松透气、排水良好的沙质土壤。春秋季节每天可接受4小时日照，最好是上午温和的光照，有时候春秋季节的日照太过强烈也会使叶片变干瘪，颜色变暗淡或者变成褐色；浇水见干见湿，可以采用喷雾的形式浇水，同时能提高空气湿度，对樱水晶生长和品相有利。夏季高温会短暂休眠，注意控水，放在阴凉通风处养护。休眠期切忌盆土过于湿润，否则会造成烂根。冬季是樱水晶状态比较好的时候，浇水见干见湿，也可以选择闷养，能让窗面变得更饱满、透明。樱水晶的繁殖主要靠分株、砍头和叶插，播种适合大批量繁殖。

每次浇水量（单位：毫升）

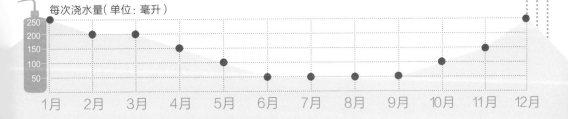

条纹十二卷

（百合科十二卷属）

多种方式繁殖

砍头　　分株

叶插

基础养护一点通

型种：冬型种

光照：明亮光照

浇水：1 周 1 次

耐受温度：5~35℃

常见病虫害：无

条纹十二卷是流行比较早的多肉植物，非常好养，叶片肥厚坚硬，叶片上有横向的白色条纹。喜温暖、干燥和阳光充足的环境，不耐寒，耐半阴和干旱，忌水湿和强光。栽培土壤只要透气透水、不容易板结，就能生长得很好。条纹十二卷需要每天 4 小时的温和日照，不能长时间暴晒，日照过于强烈，叶片会变褐色。条纹十二卷的习性非常强健，春秋养护管理可以粗放一些，可接受全日照，偶尔淋雨也不要紧。夏季温度高，日照强烈，条纹十二卷会休眠，生长几乎停滞，这时候应放置在半阴的环境，减少浇水，大部分时间保持盆土干燥。冬季在室内向阳处养护可以持续生长，浇水量比秋季要少，保持盆土适度干燥。繁殖方式主要是分株，在换盆时将底部生长的侧芽单独栽种。叶插也能繁殖，但是生长速度非常慢。

每次浇水量（单位：毫升）

	1月	2月	3月	4月	5月	6月	7月	8月	9月	10月	11月	12月
毫升	250	200	200	150	100	50	50	50	50	100	150	250

大戟科大戟属

光棍树

（大戟科大戟属）

多种方式繁殖

砍头　分株

基础养护一点通

型种：春秋型种

光照：明亮光照

浇水：2周1次

耐受温度：5~35℃

常见病虫害：介壳虫

　　光棍树的叶子退化成鳞片状，或少数散生枝端，而且非常容易脱落。因为整株看似无花无叶，只有光秃秃的枝条而得名。一般为绿色，冬季阳光充足的环境可变黄色或稍有红色。光棍树的幼株小巧，可栽植在花盆中，成年的光棍树可高达2~6米。光棍树耐干旱，耐贫瘠，不需要太多的养分就能长得很好，喜欢阳光充足的环境，春秋两季可露养，接受全日照。夏季高温短暂休眠，应注意控水，避免暴晒。冬季气温过低容易冻伤，应注意保暖。春秋两季浇水应干透浇透，如果养护环境通风比较差，应注意喷洒护花神预防介壳虫。光棍树的繁殖主要是砍头和分株，每年的4~6月或9~11月都可以剪取当年的嫩枝干（10厘米左右为宜），稍晾干，然后插入土壤中（可以使用泥炭土和颗粒土混合），成活率非常高。

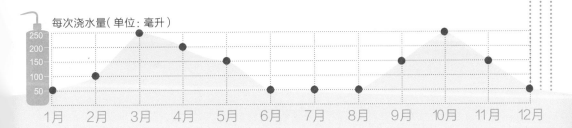

每次浇水量（单位：毫升）

| | 250 | 200 | 150 | 100 | 50 |

1月　2月　3月　4月　5月　6月　7月　8月　9月　10月　11月　12月

番杏科生石花属

生石花

（番杏科生石花属）

多种方式繁殖

 分株　 播种

基础养护一点通

型种：春秋型种

光照：明亮光照

浇水：1周1次

耐受温度：5～35℃

常见病虫害：无

被喻为"有生命的石头"，非常可爱迷你的一类多肉，品种非常多，根据颜色和花纹来区分品种。外形好像五彩斑斓的石头，但在生石花的原生地，非洲南部地区，你不仔细找是很难发现它们的。因为它们的颜色跟周围的环境非常接近，而且形态类似石头。生石花生长速度非常慢，一年生的苗直径才1厘米。生长方式很独特，通过蜕皮才能长大。花朵非常灿烂，一般以白色、黄色两种比较常见。喜欢干燥、阳光充足和通风良好的环境。春秋生长季可以大水浇灌，不积水就行，给予最充足的光照可使株形矮壮，如果光线不足会徒长，没有了石头般的外形。植株在蜕皮期间一定要断水，蜕完皮再浇水。繁殖主要靠分株和播种。有些生石花在蜕皮后可能会变成双头，这时候就能采取分株的方法繁殖了。

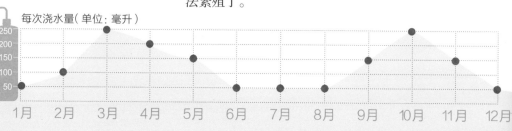

每次浇水量（单位：毫升）

250　200　150　100　50

1月　2月　3月　4月　5月　6月　7月　8月　9月　10月　11月　12月

番杏科棒叶花属

五十铃玉

（番杏科棒叶花属）

多种方式繁殖

分株

播种

基础养护一点通

型种： 春秋型种

光照： 明亮光照

浇水： 1周1次

耐受温度： 5~35℃

常见病虫害： 无

别名"棒叶花""婴儿脚趾"，植株非常矮小，只有叶片，没有茎秆，不会长高，大多数是密集群生的。叶片棒形，翠绿色或稍有紫色，直立，叶表光滑，叶顶端增粗呈浑圆状，顶面平整，叶子顶端是透明的。在夏秋季节开花，花朵比较大，多为黄色或白色，类似雏菊。喜欢温暖干燥、阳光充足的环境，土壤宜选用颗粒比较多的沙质土壤，确保透水、透气。五十铃玉喜欢温暖的日照，每天4小时的日照就能使其叶片紧凑、饱满、颜色翠绿，但不可置于烈日下暴晒，暴晒会使窗面发皱、萎缩。长时间光照不足会使叶片变细长，株形松散。春秋冬三季都能生长，浇水宜见干见湿。夏季高温会休眠，可以放在阴凉的地方度夏，同时注意适当控水，加强通风。繁殖方式主要是播种和分株。

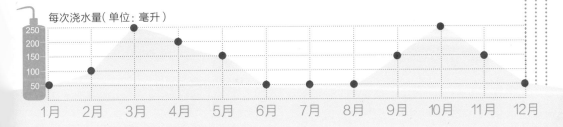

每次浇水量（单位：毫升）

| | 250 | 200 | 150 | 100 | 50 |

1月　2月　3月　4月　5月　6月　7月　8月　9月　10月　11月　12月

番杏科肉锥花属

灯泡

（番杏科肉锥花属）

多种方式繁殖

播种

基础养护一点通

型种：春秋型种

光照：明亮光照

浇水：1 周 1 次

耐受温度：5~35℃

常见病虫害：无

灯泡的名字非常形象，外形呈半球形，直射光线下，植株整体呈半透明状，酷似灯泡。是肉锥花属特别受欢迎的品种，价格也比较贵。生长习性特别，一般秋季生长，冬季和春季在内部孕育新植株，一般每株植株内部会孕育一株，但偶尔也会出现两株的情况。夏季休眠时外部表皮会干枯，虽然不美观，但可以保护植株免受强光伤害，所以不要人为剥去。夏季休眠的养护应注意遮阴，避免暴晒，控制浇水量，或者移到比较凉爽的环境养护。等到秋季，干枯的外皮会逐渐褪去，新的植株会开始生长，开始又一轮的生命周期。花期在春季和秋季，一般花朵在阳光充足的白天开放，若遇到连续阴雨天，则很难开花。花比较大，常见的为粉紫色，类似雏菊的样子。因为灯泡非常不容易分头，所以常用的繁殖方式是播种，但养护过程比较长，成活率因人而异，新人最好选择购买成株来栽培。

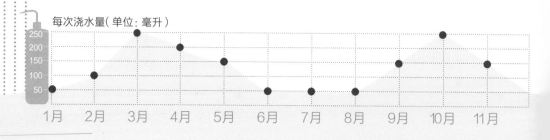

每次浇水量（单位：毫升）

	1月	2月	3月	4月	5月	6月	7月	8月	9月	10月	11月
250										●	
200			●								
150				●					●		●
100		●			●						
50	●					●	●	●			

萝藦科吊灯花属

爱之蔓

（萝藦科吊灯花属）

多种方式繁殖

砍头　分株

基础养护一点通

型种：春秋型种

光照：散射光

浇水：1周1次

耐受温度：10~35℃

常见病虫害：无

别名"心蔓"，蔓性匍匐生长或垂吊生长，叶片呈心形，经常被当作爱情的象征。叶面深绿色，有灰白色网状花纹，叶背紫红色。喜欢温暖干燥、阳光充足的环境，培养土应选择疏松透气的沙质土壤。春秋可接受全日照，浇水应见干见湿，避免盆土积水。夏季应避免强烈日照，适当遮阴，尽量避免淋雨，盆土保持干燥，通风也是非常重要的，多注意这些问题就能顺利熬过夏季了。冬季注意防冻，低于10℃最好搬入室内，可放在南向窗台或飘窗养护。繁殖时，可以剪取一段枝条插入湿润的土壤中，或者铺在土表再覆盖一层沙土，会在叶柄和茎的交汇处长出根来。新人在选购爱之蔓时，最好选择带有"小土豆"的枝条，比较容易成活。"小土豆"是圆形块茎，称为"零余子"，在养护过程中，将枝条的茎节埋入土中就能长出零余子。

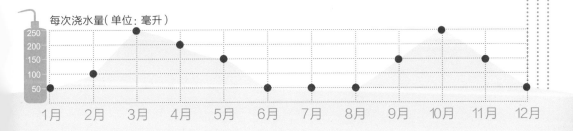

每次浇水量（单位：毫升）

| | 250 | 200 | 150 | 100 | 50 |

1月　2月　3月　4月　5月　6月　7月　8月　9月　10月　11月　12月

菊科千里光属

半阴、通风的环境适合佛珠生长。

佛珠

（菊科千里光属）

多种方式繁殖

砍头

分株

　　别名"翡翠珠""绿之铃"，是一款垂吊型多肉，多年生肉质草本，茎极细，匍匐生长。叶子很特别，圆如念珠，有一条透明纵纹，直径 1 厘米，有微尖的刺状凸起，淡绿色至深绿色。习性强健，喜欢干燥通风的环境，属浅根性植物，培养土用腐叶土或泥炭土、肥沃园土和粗沙的等量混合土就可以。建议使用可悬挂的、口径为 8~10 厘米的吊盆，养护时间长了，茎叶垂吊下来好似一挂碧绿的瀑布。佛珠不喜欢强烈的日照，能够耐受半阴。栽培初期不宜多浇水，否则根部易发生腐烂。生长期土壤可稍湿润。夏季高温进入半休眠状态，以凉爽环境或适当遮阴养护为好，浇水量要少，保持盆土干燥。冬季低于 5℃需要搬入室内窗台处养护。每年春秋季节，可以剪取 10~15 厘米的茎叶，铺在土壤表面，覆盖上一层沙土，半月左右即可生根。

每次浇水量（单位：毫升）

250				
200				
150				
100				
50				
1月	2月	3月	4月	5月

办公室的阳台可以养佛珠吗

喜爱多肉的小伙伴自然希望时刻都能见到这些萌物，办公室里养几盆，工作起来也不觉得疲惫了。凡是能够见到阳光的地方，都可以养多肉，佛珠对光照的需求相对较弱，但是也必须晒太阳才能长得好。所以如果你的办公室里能照进阳光，并且最少每天 4 小时，就可以养佛珠以及其他品种的多肉。

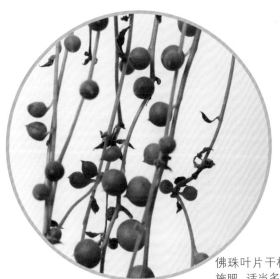

佛珠有一段的叶片干枯了，是怎么回事

部分叶片干枯，而其他部分完好的话，可能是这段茎秆被晒伤了，也可能是施肥浓度过高或施肥过于频繁。还有可能是土壤肥力不够，浇水太少造成的

佛珠叶片干枯，应减少施肥，适当多浇水。

都说佛珠不喜欢晒太阳，是真的吗

相对其他品种来说，佛珠的确不耐晒，接受强烈的日照的时间太长，佛珠的叶片会变成灰色或者晒瘪掉。但是，佛珠也不是不喜欢晒太阳，只能说佛珠不能承受强度比较高的日照。一般春秋冬三季的太阳都是可以晒的，夏季则要适当遮阴才行。也不排除部分日照强烈的地区晚春、夏季和早秋都不能全日照养护。佛珠在比较荫蔽的环境下也能生长，但是叶片之间的距离会比较远，叶片也可能不够大、不够圆。

基础养护一点通

型种：春秋型种

光照：明亮光照

浇水：1 周 1 次

耐受温度：5~35℃

常见病虫害：无

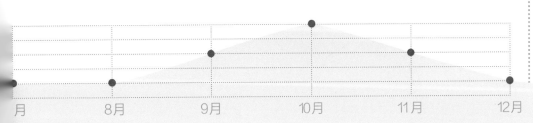

| 月 | 8月 | 9月 | 10月 | 11月 | 12月 |

懒人多肉一养就活

情人泪

（菊科千里光属）

多种方式繁殖

砍头　分株

基础养护一点通

型种：春秋型种

光照：明亮光照

浇水：1周1次

耐受温度：5~35℃

常见病虫害：无

别名"珍珠吊兰"，茎蔓状匍匐、下垂。冬季或春季开花，头状花序，花灰白色。这个品种和佛珠非常相似，佛珠的叶片圆润如珠，淡绿色，有一条透明纵线；情人泪的叶片卵圆形，头尖，好像倒转的水滴，淡灰绿色，表面有多条透明纵线。情人泪的根系比较浅，花盆不用太深。喜欢干燥通风的环境，耐旱，耐半阴，疏松透气的沙质土壤适合它生长。春秋两季生长速度比较快，浇水可以频繁些，避免盆土积水即可。夏季高温，需要避光养护，不能暴晒，浇水量要减少，避免盆土长时间湿润，否则叶片容易腐烂。生长过于茂盛的，尤其是盆面里上上下下堆叠好几层的情况，应适当修剪，否则盆面不够透气会将植株闷坏。夏季虽然浇水要少，但不能断水，断水会导致部分叶片干枯。冬季应在高于5℃的环境养护。

每次浇水量（单位：毫升）

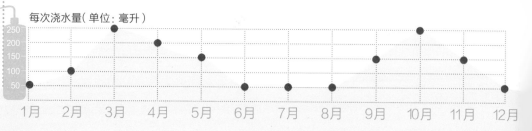

七宝树锦

（菊科千里光属）

多种方式繁殖

砍头　分株

基础养护一点通

型种：春秋型种

光照：明亮光照

浇水：1周1次

耐受温度：5~35℃

常见病虫害：无

　　别名"仙人笔"，株形非常奇特，茎圆筒形，直立，有分枝，常年绿色，表皮有深色纵向花纹。叶片不规则，类似鸭蹼，叶面微微向内卷曲，叶片较薄，蓝绿色，具有粉色或乳白色的斑锦。习性强健，喜欢温暖干燥和阳光充足的环境，但不能暴晒，能够适应短暂的半阴环境，耐旱不耐寒，忌水湿和闷热。春秋季节的管理比较简单，浇水见干见湿，七宝树锦的需水量比较大，浇水间隔可适当缩短。夏季高温会休眠，大部分叶子会枯萎、掉落，这时候注意做好遮阴工作，放在通风的地方，少浇水，大部分时候要保持土壤干燥。等到秋季，它会再次长出叶子的。冬季能耐受5℃的低温，瘦弱的植株还是要提早搬入室内保温。七宝树锦会在春季和秋季开花，花色白，花蕊比较长。繁殖方式是砍头、分株，一个短枝剪下来就能插活。

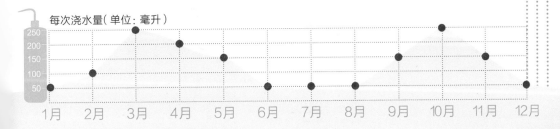

每次浇水量（单位：毫升）

懒人多肉一养就活

银月

（菊科千里光属）

多种方式繁殖

砍头　分株

基础养护一点通

型种：冬型种

光照：明亮光照

浇水：2 周 1 次

耐受温度：5~35℃

常见病虫害：无

　　银月是非常少见的银白色多肉，叶片纺锤形，表面覆盖浓密紧实的白色茸毛，好似一弯新月，触感犹如绸缎般柔软。银月一年四季都是银白色的，不会变色。银月习性较弱，喜欢凉爽干燥和阳光充足的环境，忌高温闷热。早春和深秋可全日照养护，浇水量要少，宜保持土壤适当干燥。是典型的冬型种多肉，夏季高温休眠，度夏有些困难，初次养的朋友要好好关照一下它。夏季可放在半阴、通风处养护，少浇水，避免淋雨。即便夏季结束，只要气温没有稳定在 30℃ 以下，就不能掉以轻心，晚一点拿到阳光充足的地方更保险。冬季是生长季，温度保持在 15℃ 左右就能生长。这时候的浇水还是要谨慎，遵循"宁干勿湿"的原则总不会错。繁殖方式主要是砍头、分株，叶插的繁殖方式不适合银月，也不适合千里光属的其他多肉。

每次浇水量（单位：毫升）

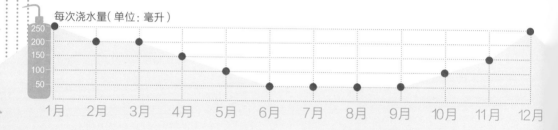

蓝松

（菊科千里光属）

基础养护一点通

型种：春秋型种

光照：明亮光照

浇水：1 周 1 次

耐受温度：5~35℃

常见病虫害：无

蓝松叶片是非常特别的天蓝色，叶片圆筒状，两头尖，中间圆，叶表具多条线沟，并覆盖有较厚的霜粉。生长非常迅速，容易爆盆。充足的日照可令叶片生长充实、粗壮，若缺少光照叶片会比较细长，叶片间距拉大。蓝松根系粗壮发达，可选择较深较大的花盆栽培。土壤可用煤渣、园土、黄沙等混合，这样的土壤随手可得，透气性、透水性好，是非常实惠的配土方案。春秋两季可以选择露养，全日照的养护能令植株茎秆直立生长。盛夏高温，植株休眠，应控制浇水，保持稍干燥，适当遮阴，若盆土过湿，易烂根。冬季低于5℃会出现冻伤，需要及早采取保温措施。繁殖主要以砍头、分株为主，剪下顶部枝干晾干伤口，插入微湿的土中，适当遮阴，半个月就能发根。

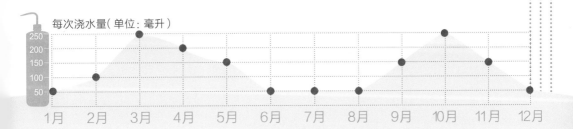

每次浇水量（单位：毫升）

附录：多肉养护问题速查

徒长、掉叶子、开花等养护

养肥、上色、爆盆、塑形

懒人多肉—养就活

度夏、过冬

化水、黑腐、病虫害

叶片褶皱、茎秆干瘪、老桩养护

其他问题

懒人多肉一养就活

全书多肉品种拼音索引

图书在版编目 (CIP) 数据

懒人多肉一养就活 / 汉竹编著 . -- 南京：江苏凤凰科学技术出版社，
2018.2
（汉竹·健康爱家系列）
ISBN 978-7-5537-8591-2

Ⅰ . ①懒… Ⅱ . ①汉… Ⅲ . ①多浆植物－观赏园艺Ⅳ . ① S682.33

中国版本图书馆 CIP 数据核字 (2017) 第 248232 号

凤凰汉竹

中国健康生活图书实力品牌

懒人多肉一养就活

编　　　著	汉　竹
责 任 编 辑	刘玉锋　张晓凤
特 邀 编 辑	魏　娟　苑　然　张　欢
责 任 校 对	郝慧华
责 任 监 制	曹叶平　方　晨

出 版 发 行	江苏凤凰科学技术出版社
出版社地址	南京市湖南路 1 号 A 楼，邮编：210009
出版社网址	http://www.pspress.cn
印　　　刷	南京精艺印刷有限公司

开　　　本	720 mm×1 000 mm　1/16
印　　　张	14
字　　　数	150 000
版　　　次	2018 年 2 月第 1 版
印　　　次	2018 年 2 月第 1 次印刷

标 准 书 号	ISBN 978-7-5537-8591-2
定　　　价	49.80 元

图书如有印装质量问题，可向我社出版科调换。